青少年的复原力

复原力

[美]
希拉·拉贾
Sheela Raja
著

赵佳荟
译

The
Resilient
Teen

华夏出版社
HUAXIA PUBLISHING HOUSE

THE RESILIENT TEEN: 10 KEY SKILLS TO BOUNCE BACK FROM
SETBACKS AND TURN STRESS INTO SUCCESS by SHEELA RAJA ,PHD
Copyright: ©2021 BY SHEELA RAJA, PHD
This edition arranged with NEW HARBINGER PUBLICATIONS through BIG
APPLE AGENCY, LABUAN, MALAYSIA.
Simplified Chinese edition copyright © 2024 Huaxia Publishing House Co., Ltd
All rights reserved.

北京市版权局著作权合同登记号：图字 01-2021-7287 号

图书在版编目（CIP）数据

青少年的复原力/（美）希拉·拉贾（Sheela Raja）著;赵佳荟译. -- 北京：
华夏出版社有限公司，2024.1
书名原文：The Resilient Teen: 10 Key Skills to Bounce Back from
Setbacks and Turn Stress into Success
ISBN 978-7-5222-0554-0

Ⅰ.①青… Ⅱ.①希… ②赵… Ⅲ.①青少年心理学 Ⅳ.①B844.2

中国国家版本馆 CIP 数据核字(2023)第 197233 号

青少年的复原力

作　者	［美］希拉·拉贾
译　者	赵佳荟
责任编辑	王凤梅
责任印制	刘　洋

出版发行	华夏出版社有限公司
经　销	新华书店
印　刷	三河市万龙印装有限公司
装　订	三河市万龙印装有限公司
版　次	2024 年 1 月北京第 1 版　　2024 年 1 月北京第 1 次印刷
开　本	880×1230　1/32 开
印　张	6.25
字　数	101 千字
定　价	59.80 元

华夏出版社有限公司　地址：北京市东直门外香河园北里 4 号　邮编：100028
网址：www.hxph.com.cn　电话：（010）64663331（转）
若发现本版图书有印装质量问题，请与我社营销中心联系调换。

此书谨献给所有了不起的青少年，以及我生命中两个最特别的少年——利拉（Leila）和贾亚（Jaya）。

目录
CONTENTS

关于本书

　　谢谢你选择了这本书。此时此刻，也许你正在为学业、社会压力、人际关系而烦恼，也许你正为不确定的未来而忧心忡忡，也许你正身处困境——遭受歧视或暴力——想要找到走出困境获得成长的出路。也许你现在过得还行，但希望能更快乐、更轻松，能和家人朋友相处得更融洽，也希望自己充满活力和动力。

　　压力（或者给我们带来压力的人或事）是我们人生中不可避免的一部分。人生就是不断地打怪升级，没人能避免遇到挫折和障碍。

　　此时你也许会问："为什么在挫折面前，很多人都能够振作精神，而我却做不到呢？"科学家们也思考过这个问题，他们总结出了能够帮助你应对压力与挫折的各种技巧。本书的目的正在于此——帮助你提高自我复原的能力。

　　这些技巧既能使你享受平顺的好时光，也能帮你度过艰难的时刻。你会变得更积极而有活力，与他人的联结更紧密，进而过上你真正想要的生活。学会应用这些技巧你将获得更大的能量去改善关系，融入集体，参与创造更美好的世界。

我建议你根据自己的生活习惯、兴趣、性格在本书中选取那些最适合自己的技巧进行实践。世上没有两片相同的叶子，每个人的人生之旅都是独一无二的，在此旅程中，你会有很多种实现自我复原的方法。

/ 复原力是什么? /

在字典中，复原力（resilience）有两层意思：第一层意思是身体层面上的修复，指的是我们的身体（包括人体细胞）在受到外力压迫后恢复原状的能力；第二层意思是指人在面对压力时的恢复能力。

复原力 resilience（韦氏词典，2020g）

1. 身体在受到压迫（尤其指外力压迫）后恢复其原有形状及大小的能力。

2. 在遭遇不幸或变化后迅速适应及恢复的能力。

本书中所提到的，是复原力的第二层意思。你可以把复原力简单地理解为适应压力的能力。

然而，在现实生活中，人们对有益于身心健康的复原力存在着很多误解。我们先讨论一下这个错误的看法：具有复原力就意味着永远快乐、永远冷静。作为一个普通人，在承受压力时有情绪是很正常的。在让人不堪重负的压力之下，我们甚至会产生悲观乃至痛苦的负面感受，这一切都再正常不过。

复原力的绝妙之处在于它能使你更好地消化负面情绪，从而走出困境并获得成长。在经历负面情绪时，复原力已经在发挥作用了。它能使人在逆境中享受快乐，在失败中吸取教训。拥有复原力不是一种目的，而是一种生活方式。

复原力并不是与生俱来的，而是后天习得的。只要不断学习和练习本书中的技巧，我们就会慢慢习得复原力。长此以往，我们就会拥有健康的身心，也能更好地面对压力。

设想一下：如果你平时就有在练习短跑，那么哪天突然要你跑三公里，也就不是什么难事。本书采取的正是这种方法——从日常做起，培养好习惯，有一天真正需要它派上用场时，你早已准备好了。

因此，就本书而言，复原力最恰当的定义如下：

1. 一系列使你身心健康的技巧；

2. 一系列技巧，能让你建立强有力的精神联结及获得目标感；

3. 一套能使你更好地面对困境的练习。

/ 为什么要学习复原力技巧？ /

　　如果能生活在理想的世界中，我们的确不需要用到本书中的技巧。因为在理想的世界里没有压力也没有不幸，也没有人会经历挫折与失败。然而，我们无法活在理想的世界里。如果你曾经感到极度焦虑，你并非特例。生活总是充满压力，这会引发我们的许多负面情绪，如焦虑、悲伤、愤怒。

　　有些事可能会让你感到不安，如：去休假，结识陌生人，参加运动队或社团选拔，或新学年伊始。如果这些情况只是偶尔发生，你也许还能应付。但假如这些事情同时发生，我们就会感到不堪重负。美国心理协会（the American Psychological Association）在 2018 年公布的统计数据显示，在处理以下问题时许多青少年都会感到有压力：

　　○ 学习及工作问题

　　○ 能不能考上好大学或自己决定高中毕业后的去向

　　○ 家庭经济问题

　　○ 与父母及其他家人的关系

　　○ 与朋友或恋人之间的关系

　　○ 家庭责任问题

当青少年身处陌生的环境、经历父母离婚或家庭成员离世时，他们往往会感到担忧或沮丧。你的父母或祖父母可能也有过类似的困扰。人们总是为金钱、工作或人际关系问题发愁。例如：在 18 岁至 21 岁的青少年中，81% 的人认为钱是主要的压力来源。而在 15 岁至 17 岁的青少年中，也有 63% 的人认为家庭不够富裕是他们的主要压力（美国心理协会，2018）。

据覆盖所有年龄层人群的调查显示，人们的主要压力源自以下方面：暴力及犯罪，健康及医疗服务，对犯罪、战争及冲突的恐惧，恐怖分子在美国进行恐怖袭击，税收，争议或丑闻，失业或收入太低。倘若把受访者的种族和性取向都考虑在内，大约 10% 到 30% 的受访者还认为，受到歧视是生活中主要的压力来源。

此外，年轻一代还有许多其他压力来源（美国心理协会，2018）。美国一些主要的社会问题对年轻人的影响很大，如：经济及社会的不稳定、枪支暴力、公共医疗卫生问题。

下面是针对 21 岁左右的年轻人展开的调查所得到的一些结果：

33% 的受访者因个人债务问题（如贷款问题）而烦恼；

31% 的受访者有家居不稳定问题，即他们因为没有一个安全可靠的居住环境而烦恼；

8% 的受访者担心粮食保障问题，他们中的有些人无法实现温饱，有些人无法经常吃到健康有营养的食物；

69% 的受访者对国家的未来深感担忧；

5% 的受访者表示，枪击事件频发是主要的压力来源。

看到这么多人都有着相似的困扰和压力，你也许会感到不知所措。但这也意味着，你并不孤单。正因为这么多人都在努力翻越人生中的障碍，我们才更应该向那些成功克服了困难的人学习。通过学习一些技巧，你也可以过上更有复原力的生活，运用这些技巧你能摆脱困境——本书的目的正在于此。

/ 你们这一代人更需要帮助 /

你会感到压力、沮丧或焦虑吗？很多年轻人都有同感。让我们再来看看美国心理协会（2018）的统计数据吧：

21 岁以下的受访者中（也称为 Z 世代），27% 的人认为自己的精神状态一般或较差。与之相对应的其他年龄层受访者的数据如下：千禧一代，15%；X 世代，13%；婴儿潮一代，7%；老年人，5%。

与其他年龄层的人相比，这一代年轻人更容易患上焦虑症（18%）或抑郁症（23%）。

由于心理健康意识的提高和对心理疾病羞耻感的减少，这一代年轻人更愿意坦诚面对心理健康问题，也更愿意寻求帮助。

总的来说，年轻一代更乐意去接受专业的心理治疗，有些人甚至已经在接受专业的治疗了（美国心理协会，2018）。事实上，正如我们在本书中反复提到的，主动寻求帮助也是一种重要的复原力。你能阅读这本书，就已经是个好的开始了。

/ 创伤应激和恶性应激（Trauma and Toxic Stress）/

此外，有些青少年还面临着更严重的压力乃至创伤，如欺凌、慢性疾病、人际关系暴力和性暴力，或其他类型的虐待。更可悲的是，许多青少年都没有安全稳定的居住环境，他们有时会目睹家庭暴力或社区暴力。

有些青少年甚至可能曾受到过性虐待或身体虐待。侵害者往往是熟人，如家人、朋友或约会对象（男女朋友）（Wincentak, Connolly, Card，2017）。近年来，欺凌事件由于会对受害者造成很深的伤害而引起了社会的广泛关注（Kann et al.，2018）。

反复发生的创伤会引发恶性应激——产生严重影响身心健康的压力（Shonkoff et al.，2012）。如果此刻，你正在经历着这些创伤，请不要放弃希望。如果此刻，你正在为过上想要的生活而努力，本书中的复原力技巧也许能派上用场。请特别留意本书第三章"融入你周围的世界"里所述："找一个值得信赖的成年人（老师、辅导员、家人或其他人）来帮助你练就复原力技巧。"

缓解恶性应激：乔伊的故事

13岁的乔伊正在上八年级。他的父母几年前离婚了，最近他妈妈的男朋友搬到了他们家。乔伊很能干，放学后会帮忙照顾弟弟妹妹。

乔伊妈妈的男朋友是个无业游民。他不仅一点儿都不帮忙照顾家庭，还酗酒。醉酒后还经常对乔伊大喊大叫，骂他是个"蠢货、废物"。乔伊的成绩开始下滑，也越来越没自信。在同学面前，他甚至开始说话结结巴巴，也因此遭到了同学们的取笑。

有一天，老师把乔伊叫到一边，询问他关于成绩的事。老师很亲切，她并没有指责乔伊，而是问乔伊是不是遇到了什么麻烦。乔伊决定赌一把，选择相信老师。他告诉老师家里最近发生的变化及自己受到的影响。老师联系了学校的社工，他们找乔伊的妈妈商量改善他们家庭生活的对策。虽然乔伊的情况不可能一下子就好转起来，但他决定不再独自忍受这一切，这对他的未来非常重要。

/ 创伤后的成长 /

在经历过重大压力或创伤后，有些人会浴火重生，获得快速的成长。随着时间的推移，他们会发现，困境给他们带来了新的机遇去建立更有意义的新的关系，找到自己真正热爱的事情和生活目标，困境也使他们认识到自己原来也可以这么强大（Tedeschi et al., 2018）。然而，这并不意味着在经历这些糟糕的事情时，你会感到高兴。在事情发生的当下，你不可能会高兴，但你依然可以从困境中学习和成长。

创伤后的成长与复原力密切相关。你可以把复原力视为在压力下生存并自我调适的能力，而创伤后的成长则是在过往的经历中找寻意义。在本书的第三章"融入你周围的世界"和第四章"探寻你人生的意义，享受人生的乐趣"中，你将学到关于创伤后成长和复原力的重要技巧。

/ 复原力是一种生活方式 /

复原力不仅能帮你面对短期的压力和沮丧，还可以教你如何在长期的、巨大的压力下生存和发展。复原力不是目的，而是一种生活方式。本书中所提到的技能都是基于心理学、公共卫生和神经科学的最新研究成果归纳出的，它们总共分为四个部分（四章）。

第一部分（章）：关注你的身体健康。本章会教你如何在不感到无聊的情况下建立好习惯。此外，本章还会与你探讨如何面对不良习惯（如药物滥用等），而不会让你产生负罪感。

第二部分（章）：关注你的心理健康。本章的主题是正念，即如何将意识集中在当下，而不是过度关注过去或未来。我们还将探讨如何处理抑郁和焦虑等负面情绪，及如何从过去中吸取经验并制定未来的计划。

第三部分（章）：融入你周围的世界。本章的主题是如何建立安全的联结和一个强有力的社会支持系统，以及如何试着抓住机遇，并看看这会对你的人际关系和自我感觉产生怎样的影响。

第四部分（章）：探寻你人生的意义，享受人生的乐趣。本章将探讨如何在不同情境下实现现实乐观主义。幽默感、社会服务、行动主义都能让你更好地寻找人生的意义。

虽然本书中所讲述的技巧旨在帮助读者应对短期压力，但也适用于长期处于高压情况下的人。请记住，拥有复原力并不意味着免受痛苦压力的困扰，只是说，你可以做到苦中作乐，找到生活的乐趣和意义。

本书创作之时恰逢新冠肺炎爆发，世界各国都面临着严峻的考验。在当前环境下，复原力显得尤为重要。如果你还想要用本书中提到的技巧应对不确定的突发事件以及解决社交距离的扩大等问题，请查看本书相关网站 http：//www.
newharbinger.com/45786，在那里你可以获得更多的免费资料。

　　过去并不能决定未来。即便你觉得自己以前没能很好地
应对压力，或者生活充满磨难，你也可以从现在开始探索适
合自己的学习、生存和成长之道。以开放的心态来阅读这本
书吧，不断地尝试书中提到的各种技巧，直到找到最适合你
的技巧为止。你即将展开一段会使你更健康、更快乐的新的
旅程。把自己想象成科学家、探险家、企业家、艺术家或运
动员吧——然后创造你自己独一无二的复原力秘方吧！

第一章

关注你的身体健康

融入你周围的世界

关注你的身体健康

复原力

探寻你人生的意义，
享受人生的乐趣

关注你的心理健康

技巧 1
建立良好的生活习惯：睡眠、饮食、运动以及电子产品的使用

提到"习惯"一词，你的第一反应也许是"无聊"。的确，有些时候，习惯的确挺无聊的。然而，养成良好的日常生活习惯是建立复原力的关键。尤其是在睡眠、饮食、运动和电子产品的使用等方面，如果能养成相对固定的习惯，你就能更好地照顾自己，从而为你的身心健康奠定基础。如果上述的其中一点失去平衡，你就会感到整个人都不好了。我想你也许有过类似的经历吧。

只有处于熟悉、平静的环境中，你的身体才能达到最佳状态。总的来说，有规律的睡眠、适当的运动、充足的营养有助于我们继续前行。养成好习惯还有一个潜在好处：我们能精神饱满地发挥自己的潜能，并变得更快乐。在休息好、精神好的时候，你的身体就会更容易适应短期压力（例如在为了准备考试而临时抱佛脚时）。如果你整个星期都不怎么觉得累，那么让你在周末通宵和朋友聊天小聚也就不是什么难事了。

本章中讲述的一些技巧看似简单，但假以时日你会发现自己从这些日常生活的细微改变中获益良多。好习惯可以让你身体好、心情好，能更好地应对压力，享受美好时光。

/ 保持你身体的平静 /

你也许想知道，好习惯为什么如此重要。这归根结底要追溯到人体的构成。我们的身体天生就要应对短期压力。想象一下，一个原始人正在躲避老虎。在看到老虎时，他体内会发生什么变化？他的交感神经系统马上开始工作，"战斗或逃跑反应"会立即启动（美国心理学家怀特·坎农所创建的心理学、生理学名词，他发现机体经一系列的神经和腺体反应将被引发应激，使躯体做好防御、挣扎或者逃跑的准备）。换言之，他的身体做好了要么逃跑，要么与老虎决一死战的准备。在这个过程中，我们的心率加快（以获得更多能量），瞳孔放大（以看得更清楚），消化速度减慢。此外，在压力之下，下丘脑－垂体－肾上腺轴（HPA axis）会被激活。总的来说，肾上腺会启动一个程序——向身体发出信号，使其产生皮质醇等应激激素。这些激素会让我们的血压和血糖升高，从而更好地应对压力。

一旦压力解除（老虎被杀死了或跑远了），身体需要几分钟到二十分钟乃至更长时间才能平静下来。一般来说，在精力充沛、休息得当的情况下，我们的身体可以自如地应对短期压力。假如你大部分时间都保持良好的日常生活习惯，那么你会更容易从短期的压力中恢复过来。正因如此，睡眠、饮食和运动才会如此重要。

/ 建立良好的睡眠习惯 /

你现在需要做一件重要的事情，就是建立良好的睡眠习惯。许多青少年都会觉得睡眠不足，因为需要花时间的地方太多了。作业、社团活动、运动、兼职，每一项都要占用大量时间。甚至当你终于可以停下来休息的时候，满脑子还都是明天要做的事，让你担心得睡不着觉。

在睡不好的时候，你会难以集中注意力，更容易情绪失控，并且整天无精打采的。假如此时再多些意想不到的压力，你会感到难上加难。

试着创造一个安全、平和、熟悉的睡眠环境吧。人都是习惯的动物。一般来说，只需几个星期，我们的作息就能规律，就会自然而然地知道应该在何时休息以及该如何休息了。在大多数时间里，你都应该保持每天一致的作息习惯。当然，在一周里偶尔破例一次也没关系。下面是关于睡眠的一些基本原则，请尽量遵循：

睡眠清单

1. 你每天晚上都在同一时间上床睡觉吗（上下浮动45分钟左右）？

如果你的答案是否定的，请试着在一周至少坚持四个晚上，每天晚上都在同一时间上床睡觉。如果不能马上入睡，你也别担心，给自己一些时间来适应新的作息习惯吧。

2.你每天早上都在同一时间醒来吗（上下浮动45分钟左右）？

如果你的答案是否定的，请设置一个闹钟，尝试每周至少有四个早晨都在同一时间醒来。第一周你也许会有点困，但最终，你会养成在同一时间起床和睡觉的习惯。

3.你睡觉的地方安静吗？

如果你的答案是否定的，请想一想哪些噪音是你能控制的。关掉电子设备或调低音量会感觉好些吗？要不要戴耳塞？要不要播放一些白噪声？有些人喜欢听着白噪声入睡，比如收音机的噪音，而另一些人则喜欢听能让人平静下来的声音。

4.你会在睡前一小时内使用电子产品吗？

如果你的回答是肯定的，请控制使用电子产品的时间。电子产品会发出光线，尤其是它们所散发出的蓝光会干扰睡眠所需的激素（包括褪黑素）。有可能的话，请试着在睡前至少一小时内远离电子产品，一周至少几天。假如你一开始做不到，那就先从睡前半小时停止使用电子产品开始，哪怕是很小的改变也会让你有所收获的。

5.睡觉时，你身边有没有放电子产品呢（你的电脑或手机是否放在床边）？

如果你的回答是肯定的，请减少使用电子产品的时间。因为它们所散发出的蓝光会干扰你的睡眠荷尔蒙。此外，手机滴滴答答的提示音也会影响睡眠。如果实在需要调个闹钟，你也可以买一个老式的闹钟（是的，现在仍然有商家售卖这种闹钟）。

6. 在你的睡眠环境里，有什么东西让你感到压力很大吗（例如课本或杂物）？

如果你的回答是肯定的，就试着想办法营造更舒适的睡眠环境吧。假如你一看到课本或电脑就会感到有压力，那就看看能不能把这些东西移到附近的走廊里去。睡觉的地方应该是你的避风港，装饰着你喜欢的颜色，点缀着能让你快乐的东西。

如果无法做到每天都完成上述的事情也不要担心。世上没有完美的习惯。但请记住，养成一个新习惯至少需要 8 周的时间。所以，请尽量坚持让自己每周都有至少四到五天的时间能遵循上述指引。

在一开始调整睡眠习惯时，你也许会需要一些辅助才能睡着。这里有两个睡前使用的小技巧，能帮助你尽快入睡。

渐进式肌肉放松法

渐进式肌肉放松法是一种先收紧再放松肌肉的方法，它可以帮你释放身体的紧张感。在做这些动作时，你要以不感到痛苦为度。如果你感到难以收紧和放松某些肌肉群，跳过它就可以了。为了达到最佳效果，每组动作都要重复两到三次。

请躺在床上，深呼吸几次，准备好以后，你就可以开始下面的练习了：

1. 勾脚尖（脚趾向头部弯曲）。感受脚趾拉伸的感觉，然后还原。感受足弓和脚趾的放松。仔细体会一下紧绷和放松之间的区别。

2. 勾脚尖（向上弯曲脚趾）以收紧小腿肌肉。然后放松，感觉你的脚踝和小腿肌肉回到放松的状态。

3. 收紧臀部肌肉，然后放松。放松时，感受你的下背部和腿部的紧张感得到释放。

4. 深吸一口气，感受你的胸部和胃部在扩张。呼气时，感受胸部和胃部的放松。再次吸气，这一次要尽可能地呼气，体会腹部肌肉向脊柱靠拢的感觉。在下一次呼吸时，感受腹部和胸部肌肉放松时自然的呼吸节奏。

5. 耸肩，把肩膀拉向耳旁，然后再慢慢还原。仔细体会一下肩部在紧张和放松状态下的区别。

6. 双手握拳，然后松开拳头，感受手腕和手指的放松。露出你所有的牙齿傻笑一下（别担心，别人不会看到你的），然后还原，感受嘴角的放松。

7. 紧闭双眼，然后慢慢睁开眼睛。放松眼皮和脸颊肌肉并仔细体会放松的感觉。

8. 同时收紧或收缩所有的肌肉群，包括：勾脚尖、深呼吸、耸肩、握紧拳头、紧闭双眼。然后放松，感受全身肌肉群的变化。

那些很容易感到身体紧张的人会很喜欢这套渐进式的肌肉放松训练。然而，如果你的精神压力比较大，下一个技巧可能更适合你。这个练习能使你更冷静地思考。假如你的想象力很丰富，这个练习就像为你量身定做的一样。

通过想象情景引导睡眠

深呼吸几次，轻轻闭上眼睛。想象自己独自一人身处在一个安全、舒适的环境中，然后彻底放松。你可以自由地想象周围的场景，你可以想象自己身处海边、山上，或者和朋友们在一起，也可以想象在自己家里，或其他任何地方。

环顾四周，仔细观察和感受周围的一切。它们是什么颜色的？有什么声音吗？花点时间聆听周围的声音，并闻一闻周遭的气味。

现在，想象自己在这个场景里随意走动。你可以捡起一些让自己感到舒适的东西，如柔软的毯子或一把沙子。花几分钟时间，投入地享受这个你所创造的场景。这个场景就是你的专属避风港，当你在生活中备感压力时，你就可以来这里休息。

你可以尝试在一天中的不同时间段进行这个练习，以便找出最适合自己的时间段，例如在准备上床睡觉或者做完了当天作业的时候试试，看看哪个时间段的效果最好。

/ 饮食和运动 /

在养成了有规律的睡眠习惯之后（你可能会觉得这样的习惯有点单调），接下来你就要关注饮食和运动了。只有确保身体已养成了足够多的习惯，你才能更好地处理生活中不期而至的事情——无论是好事还是坏事。无论是要在截止日期前全力冲刺完成学业任务，还是想趁周末的时间和朋友尽情玩乐，你都能完全地适应这个节奏，却不会因此而感到筋疲力尽。

从生物学的角度能很好地解释为什么要注重饮食和运动。在压力之下，人体会经历一个复杂的过程，而这个过程会导致炎症，其特征有发热、肿胀和疼痛——长远来看，这对身体是不利的。健康而有营养的食物和适度的运动可切实地减少炎症。这样一来，在对抗短期感染或承受压力时，身体就不会因感到疲惫而发炎。正因如此，我们才说，健康的饮食和运动是习得复原力的关键因素。

许多青少年喜欢通过喝含糖碳酸饮料、能量饮料或者吃垃圾食品来补充能量（也可能只是出于个人喜好）。这种饮食习惯如果只是持续几天倒是没问题，但如果长时间维持这种饮食习惯，你就会发现，一段时间过后你整个人都会变得无精打采的。快速提高血糖的办法虽然在短期内看似有效，但长期来看，这不足以让你一直保持精力充沛以应付连续好几个星期每晚熬夜工作。

同样道理，坐在沙发上玩手机在短时间内也许会让你感到很放松或者注意力得到了转移。然而，如果天天如此，你就会觉得身体又僵硬又麻木。保持健康的饮食习惯、进行有规律的锻炼可以让你保持精力充沛，无论是处理学业或工作问题还是处理家中事务都能做到游刃有余。健康的饮食和有规律的锻炼并不意味着丧失乐趣。一般来说，你可以试着先坚持四五天健康饮食和锻炼计划，然后再放松几天。例如：你可以在工作日坚持健康饮食和体育锻炼，在周末就可以安排得更自由一些。

为什么说习惯很重要：玛雅的故事

玛雅是一名高三学生。受新冠疫情的影响，她所在的学校改为了在线授课。限制社交距离的措施也使得她无法再像往常一样参加社团活动或者和朋友出去玩了。玛雅以前是个非常忙碌的人，而现在她的生活似乎失去了支点。于是，在居家学习的这段时间里，玛雅天天都吃垃圾食品，从来不运动，还每天都睡得很晚。几个星期后，她感到无法集中精力上网课，也很少跟朋友联络了。

几周过去了，玛雅一家意识到疫情可能一时半会结束不了，这种居家学习的日子可能还得持续好几个月。为了健康着想，他们必须培养新的生活习惯。为了摆脱消沉的状态，玛雅列了一张清单，上面简单地罗列了每天中午之前要完成的几件事情。她的清单很实在，包括：在周一至周五早上10点前起床，早餐吃烤面包和水果，早餐后到后院去呼吸一下新鲜空气。

这些小小的改变开启了玛雅一天的健康生活。虽然偶尔还会吃垃圾食品，但现在她更喜欢吃健康的午餐，并在早起的日子里按时完成作业。在充满不确定性的非常时期里，逐渐养成的好习惯帮了她大忙。

关注当下是向养成健康饮食和体育锻炼的习惯迈出的第一步。你可以先设立一些微小可行的目标。

/ 记录你的饮食和活动 /

花一周的时间，把你的饮食和锻炼成果记录在本子上或手机里。每天临睡前，回答以下问题：

1. 你今天吃了多少水果和蔬菜？

2. 你今天吃了多少垃圾食品（薯片、糖果、饮料）？

3. 你今天吃了多少快餐？

4. 你今天有没有进行半小时的体育锻炼（体育课、瑜伽、快走或其他运动）？

一周过后，为自己制定关于健康饮食和体育锻炼的小目标。目标必须具体，并且容易实现。例如：每周两天，放学后只许吃水果，不准吃薯片。再譬如说，在每周一、三、五的早上做一些瑜伽之类的伸展运动。要确保你的目标具体而可行，并把它们写在你的日历上！

在定好了目标之后，下一步就是要想办法让自己保持动力。本书中有很多关于自我激励的建议，你可以先从下面的练习开始着手。

做自己的啦啦队

这个练习的重点是自我对话。我们总是在无意识地自言自语，这很正常。自言自语能帮助我们做出积极的改变。有时候我们会说服自己去做（或不做）事情，有时候我们会苛责自己。

在下定决心要改变饮食习惯并开始锻炼后，你的生活也许会时好时坏。进行积极的自我对话能让我们保持动力并继续坚持下去。

肯定自己的努力。我们要学会在表现出色的时候肯定自己。就具体的事情写一些夸奖自己的话，例如："我的零食计划做得很棒，我还提前把零食都分装好了"或者"我真棒，能抽出时间和朋友们打篮球"。

不要自责。如果你做得很糟糕，也不要一味地指责自己所犯的错误，而是要放眼未来对自己说些充满期待的话。例如："我今天吃了很多蛋糕，明天要多吃些水果和蔬菜哦。"你要像对待好朋友一样理解自己、宽慰自己。

把这些话贴在显眼的地方。请把这些激励自己的话记在手机里，或写在便利贴上，然后张贴在显眼的地方。很快，你就会积极正向地看待问题了。

/ 生活在科技时代 /

日常生活中我们早就离不开科技产品了，比如电脑和智能手机。然而，我们需要想办法让科技产品为我们服务，而不是让它们主导我们，占据我们所有的时间。美国心理协会调查显示，与前几代人相比，当今的一代年轻人正面临着更多的心理健康问题。虽然年轻人更愿意公开谈论自己的痛苦，但他们并不总能得到支持（美国心理协会，2018）。

73% 的受访者表示，在过去一年中，他们本应获得更多的情感支持。

55% 的受访者表示，从社交媒体上他们获得了支持，但也有 45% 的人表示在社交媒体上收到了负面评论；38% 的人表示，社交媒体上的反应让他们感觉自己很糟糕。

我将何去何从？贾斯汀的故事

贾斯汀是一名 17 岁的高中生，他的朋友们都准备去上大学或职业学校了，他却感到很迷惘。老实说，他一直以来都不是什么好学生，也不知道自己毕业后想干什么，甚至会觉得自己是唯一一个对未来没有规划的人。

高三下学期，贾斯汀对学业越来越漠不关心。他经常睡懒觉，也不吃早餐和午餐，把大量时间都花在社交媒体上，希望能借此找到跟自己想法相似的人。然而，恰恰相反，他看了很多帖子，这些帖子都是在描述对未来的憧憬以及对高中友情的怀念。贾斯汀评论说"高中毕业后的生活也不是那么美好吧"，结果，只得到寥寥几个赞，他崩溃了。

如果使用得当，社交媒体的确能让人与人之间的联系更紧密，但它也会让人有一种与世隔绝的孤独感。想清楚要为自己设定什么限制是一个非常重要的复原力技巧。要做到这一点，就意味着我们要养成一种习惯，让科技仅仅成为我们生活的一部分，而不是成为我们生活的全部。

当今的流行文化使得许多人热衷于在公众媒体平台上发布信息，甚至为了获得点赞而刻意做一些事情。是否要随大流，或者以什么程度参与其中，这个决定权在你手里。本书后面的章节会讲到如何建立可信任的关系，找到生活的意义和目标。假如真的做到了，你就会发现上网时间自然而然地变少了。在那之前，第一步是为自己设定一些可控的限制。

别被科技产品（电子产品）牵着鼻子走

假如你有以下的情况，请减少使用科技产品（电子产品）的时间：

远离手机或其他电子设备会让你感到焦虑。

你总是把时间花在玩手机上，并因此错过了参与活动或和朋友外出的机会。

在社交场合你也会经常看手机。

如果设备（手机）不在身边，你就难以入睡。

在上课或听别人讲话时，你会很容易走神。

在使用社交媒体后，你发现自己变得悲伤或焦虑了。

下面列举的这些方法能使你减少使用电子产品的时间：

睡觉时，身边不要放手机或其他电子设备。如果你实在需要用闹钟，就用老式的闹钟吧。

安装一个应用程序（APP），以限制自己使用社交网络的时间，尝试把每天使用社交网络的时间减到一小时以内。要是你觉得这不大可能，那就先从每天使用社交网络的时间少于两小时开始。

睡前一小时内不要使用任何电子产品。要是你觉得这不大可能，那就先从睡觉前半小时不使用任何电子产品开始。

每天至少有半小时的时间不使用任何电子产品。这半小时可以是你吃饭时，也可以是在你走路上学或上班时，或者在做一些有趣的事情时。这段时间内，请暂时放下所有的电子产品，完全沉浸在当下的事情中。最后，慢慢延长你不使用电子产品的时间，最好能做到每天至少一小时。

运用多种技巧：忙碌的凯蒂

十五岁的凯蒂热衷于参加学校田径队的活动。她十分优秀，朋友也很多。然而在田径赛季期间，凯蒂没什么机会能和田径队以外的朋友来往。大家都觉得凯蒂在各方面的表现很出色。

问题是，每当田径赛季一结束，凯蒂就吃很多垃圾食品，这导致她总是无精打采的。她还喜欢在深夜上网跟朋友聊天。她还觉得必须抓住一切机会去"弥补错过的时光"，于是她变本加厉地熬夜。

要想养成健康的生活习惯，凯蒂可以从很多方面着手，如控制饮食、减少使用电子产品或调整睡眠时间。对凯蒂而言，给朋友发信息是件很重要的事。然而，她还是决定先从减少使用电子产品开始着手改变。最初，她试着每周只有三个晚上带手机进卧室。一段时间后，她的睡眠质量有所改善，这使她更加确信在睡前减少使用电子产品大有裨益。

凯蒂还意识到，想要在紧张的田径赛季结束后放松一下，是人之常情。她在每天午餐时吃点垃圾食品犒劳一下自己，但坚决不拿薯条和曲奇饼干当正餐。为了能坚持下去，凯蒂学会为自己打气："我这么努力了，的确值得自我犒劳一番，但也不能忘了保持健康哦。"总的来说，通过这些微小的改变，凯蒂变得更有活力，也容光焕发了。

本节回顾

诚然，日复一日地在同一时间做同样的事情可能会让生活单调乏味。但也正因为养成了这些简单的习惯，你的生活才会更健康，你才会有可能去享受更多乐趣，并更好地应对压力。养成好习惯就像每周必须给车加一次油一样，只有在出发前给车加满了油，你才能在未知的旅程中畅通无阻，中途需要停车加油的次数才会更少。

该如何建立良好的日常习惯呢？我们可以从睡眠、饮食、体育锻炼和电子产品的使用这几方面着手，尽可能地制订切实具体的目标。假如你偶尔没能达成目标，也不必太苛责自己，你可以顺便停下来一下，享受沿途的美景。这是你应得的！

技巧 2
直面不良习惯

人在十几岁的时候养成的习惯可能会伴随其一生。幸运的是，你现在还有机会培养更健康的习惯。如果你早已养成了一些不良习惯，现在改变也为时未晚。

在这个章节中，我们要讨论一些青少年们不想公开谈论的事情，尤其是不愿在成年人面前谈论的事情。在喝酒、吸毒、吸烟或抽电子烟等事情上，青少年并不总是能从长远的角度看问题。你也许会想："我只是偶尔这么做，也并没有真正伤害到自己。"问题是，这些习惯一旦养成了，随着年龄的增长，你再想要改变它们就变得很困难了。

青少年对香烟、毒品和酒精感到好奇，并想要尝试一下是很正常的。出于好奇，你也许曾经尝试过喝酒或吸食大麻。为了放松一下，你也许会想要喝一点酒或抽一会儿电子烟。这么做也许是为了舒缓压力，也许是为了让别人喜欢你，也许一开始这些行为只是你偶尔为之的社交习惯，但它们却慢慢影响了你的日常生活。

从短期来看，喝酒、吸毒、吸烟或吸电子烟都会让你感觉良好，但长远来看，它们的效果就不太好了。尤其是负面情绪朝你袭来，而你试图通过这些手段来解决问题时，结果往往也是徒劳的。经年累月，习惯成瘾，就会损害你的身心健康。在这一节中，我们将学习如何面对不良习惯，探索其他解决问题的方法并享受生活。

/ 烟草、酒精、处方药和非处方药 /

值得庆幸的是，在过去的 40 年里酗酒和吸毒的人的比率有所下降（Johnston et al.，2017）。然而，在青少年中，吸烟、喝酒、滥用处方药和非处方药的现象仍十分普遍。在本节中，我们不会谈论关于吸烟、喝酒、滥用处方药和非处方药的危害性——因为你可能早就知道了。研究显示，经常使用药物的青少年在压力下难以展现出自我修复的能力（Johnston et al.，2017）。出于此原因，我们更需要开诚布公地谈论这个问题——你是否在用药物来应对生活中的压力？

酒精与压力：艾玛的故事

艾玛是一名高二学生，她参加了好几个服务性社团，还积极参加学生会，希望上大学后能主修英语和电影研究。通过社团活动艾玛结交了很多新朋友。在一些派对上，如果有些朋友的父母晚上不在家，他们就会邀请艾玛去喝酒，多数情况下他们喝的是啤酒。在派对上艾玛有时会喝几杯啤酒，因为大多数派对地点离家很近，她可以步行回家，不用担心酒后开车的问题。

后来，艾玛发现对她来说生物课真的很难学。她还觉得老师一定认为她不聪明，因为无论她多么努力学习，考试也只能得 C 或 D。艾玛开始担心自己会考不上大学。从这学期起，艾玛越来越焦虑，于是在周一至周五的晚上，她总是要喝一两杯啤酒，这样就不会那么担心未来的事了。艾玛突然意识到对她而言，喝酒不再是出于社交需求，而是为了让自己忘记忧愁。

关于药物的使用，我们很难分辨哪些是正常的用药需求，哪些是会给身体带来损害的药物滥用，其中部分的原因是在青少年中使用药物的现象非常普遍。据统计，在 12 年级及 12 年级以下的青少年中：

42% 的青少年喝过酒（不包括浅尝几口），26% 的人喝醉过。

18% 的青少年抽过烟，27% 的人抽过电子烟。

4% 的青少年出于非医疗目的使用过处方药（如羟考酮或维柯丁等阿片类药物、阿得拉等安非他命）（Miech et al., 2017）。

如果你自己正在使用药物，请看下一个练习，这个练习能帮你确定自己是否需要寻求帮助。

我需要寻求帮助吗?

请诚实地回答下面的问题。这是一段学会照顾自己的心灵之旅,只有如此,在未来的人生中碰到了难题时,你才能从容面对,重新振作起来。

在和你的朋友来往时,你们会经常喝酒吗?

你有过一次喝酒超过四杯以上的经历吗?

你会经常抽烟或吸电子烟吗?

你是否曾在没有医生处方的情况下使用过处方药?(例如:用了别人的处方去购买处方药、过量服用自己的处方药,或在医生诊断已不再需要服药时仍然继续服用处方药。)

你曾经吸食过海洛因、吸入剂、镇静剂、致幻剂或其他非法药物吗?

你是否曾经因为滥用药物而在工作、学习或生活中遇到麻烦?

药物滥用是否妨碍过你正常的工作、学习,或让你无法履行应尽的职责?

对于上述的问题,哪怕只有一题你回答了"是",你都应该去寻求帮助。是时候改变这些习惯了。在社交场合偶尔喝酒或吸烟很正常,但有些行为(例如:一次喝四杯或以上的酒、滥用处方药、尝试海洛因或吸入剂等毒品）表明在未来你更有可能会滥用药物。

找个值得信赖的成年人谈谈吧，可以找家人、朋友、老师，也可以找辅导员或教练谈谈。如果你不确定能信任谁，本书的第三章有一些练习，会教你如何建立并维持一个健康的社会支持系统。此外，本书最后的参考资料部分也提供了许多信息，你也可以参考那一部分的内容。如果你阅读本书的目的在于下定决心创造更美好的生活，那么寻求帮助就帮你迈出了旅程中的重要一步。

如果你正深受药物滥用问题的困扰，现在你最需要做的是找个更安全和健康的方式来享受人生乐趣。要知道，人如果想要戒掉一个坏习惯，最好的办法就是建立一个能替代它的好习惯。接下来，我们将谈论怎样建立一个对自己有益的好习惯。能培养健康的、对自己有益的习惯，也是一种重要的复原力。

放松的方式

想一想你喜欢干什么，试着每天都去做点你喜欢的事。世上没有哪件事是能让所有人都喜欢的，我们也无法列举出所有的放松方式，以下只是一些建议：

○ 散步、做瑜伽、骑自行车，或做其他运动

○ 绘画，或做手工

○ 听音乐、唱歌或演奏乐器

○ 和朋友聊天

○ 写信、写短篇小说，或写诗

○ 做头发或者化妆

○ 玩电子游戏

○ 泡个澡或淋浴

○ 阅读

○ 烹调或烘焙

○ 拍照

请至少想出一个照顾自己的方法。你既可以每天都做同样的事情，也可以不断尝试新事物。照顾自己没有最佳方案，只要你所做的事情是有益身心健康的就行。总的来说，你所选择的方式越健康，你就越不可能通过滥用药物等方式应对压力。

减少伤害

如果你有过想尝试一下使用药物的想法，那也是很正常的。然而，如果你还有别的方法来应对生活中的压力，你就可能恢复得更好。偶尔使用药物的情况在青少年中很普遍，

因此你更需要保护自己。你得搞清楚什么是社交行为，什么是危险行为。以下的建议能让你在身处有毒品、酒精或烟草的环境中更安全：

注意安全驾驶。如果开车的人服用了药物或喝了酒，请不要乘坐他们开的车。如果你服用了任何药物，也请不要开车。

必要时请离开。如果你身处的环境中有人吸毒或喝酒，并且这让你感到不舒服（例如有很多人喝醉了），请试着离开。如果无法离开，请联系一个信得过的成年人来帮助你。

在社交场合也要有所节制。有个约定俗成的标准，在派对等任何社交场合，喝酒都不要超过两杯。当然，假如你能完全不喝就更好了。但你只要是给自己规定了合理的喝酒量，也就朝着更健康的生活方式迈进了一步。

不要在喝酒或吃药后发生性行为。如果你喝了酒或服用了药物，请不要和别人发生性关系。记住，此时你无法头脑清醒地思考，人在受到酒精或药物影响时是无法表示同意或拒绝的。

有选择性地交朋友。如果你身边有朋友经常抽烟或喝酒，请尽量不要和他们一起参加派对。在其他场合，你仍可以和他们保持友好的关系，比如在学校、进行体育活动或社团活动时。

注意觉察自己的感受。在你感到焦虑或抑郁时，请不要吸食毒品、喝酒或抽烟。在用这些手段应对负面情绪时，你就会产生依赖，最后上瘾。

那么我们该怎么做呢？如果找到了更健康的减压方式，你一定要多进行这些活动。如果还没能养成习惯，那你就多尝试几次，并让它们融入你的日常生活。在此之前，你要尽可能地努力保证自己的安全。

随着生活压力的增加，人们会想要找到更多有益于身心健康的应对方法，并实现长期目标。使用药物虽然可能在短期内看似有效，但只有具有复原力的人，才能以健康的方式来度过人生的低谷。

综合技巧运用：阿什莉痛苦的校园生活

16岁的阿什莉文静而有艺术天赋，学习也非常努力。她十分在意学习成绩，常常为自己高中毕业后的去向而烦恼。她发现有个朋友为了能在课堂上集中注意力而服用安非他命。于是，阿什莉向这个朋友要了几片试了试。

刚开始服药后的几周，阿什莉感觉很好。然而，大约一个月后，阿什莉开始不断地做噩梦，并且大部分时间都感到紧张焦虑。她担心，如果停止服用安非他命，她的成绩会下滑，但她也意识到这种焦虑状态的负面影响。于是，她不再服用安非他命，也故意避开那个朋友。停药大约一个星期后，她每天早上起来都会感到暴躁和疲惫。于是，她鼓起勇气向自己正在上大学的姐姐寻求帮助。姐姐把这件事告诉了父母。她的父母虽然很生气，但还是积极地配合学校的心理咨询师和辅导员，帮助阿什莉解开心结，应对来自成绩、焦虑和父母的离婚等方面的问题。

阿什莉和心理咨询师讨论了应对压力的方法，以及如何解决对未来的担忧。她又重新开始画画了，要知道在她和妈妈搬到新公寓后她就再没画过画。虽然这只是一小步，但这让阿什莉觉得一切都会好起来的。

长远来看，阿什莉的许多新举措都有利于培养复原力。例如：相信自己的直觉，减少与提供药物的朋友接触，诚实面对自己滥用药物的事实，这些都极其重要。

随着阿什莉上大学和步入社会参加工作，她仍将不可避免地面临更多的压力。但有了对艺术的追求和家人的支持，她能源源不断地获得积极向上的动力，也无须借助药物应对压力。阿什莉的故事一定会让你有所启发，你也可以想想，有哪些健康的活动能助你走出人生的低谷。

本节回顾

想要解决药物滥用的问题并非易事。人们常认为这不是什么大不了的问题，不过是成长过程中的一部分。但这样的想法并不正确。我们知道，面对艰难的生活，那些不经常喝酒、吸毒或抽烟的青少年会更容易产生复原力。

如果你从未尝试过抽烟、喝酒、吸毒，就请永远不要尝试。如果你已尝试过了，请问问自己，是为了社交而偶尔为之，还是为了应对压力而这么做的？如果觉得这些习惯已经妨碍你的学习或人际交往了，那么你就应当寻求帮助了。此外，去尝试一些有趣的、有益于身心的活动吧！坚持几个月或几年，你一定能从中获益良多！与此同时，请照顾好自己。记得每天都要为自己做点什么。

第二章

关注你的心理健康

融入你周围的世界 关注你的身体健康

复原力

探寻你人生的意义，
享受人生的乐趣

关注你的心理健康

技巧 3
正念（专注于当下）：使身心平静

绝大多数人都喜欢回忆过去或畅想未来，然而我们却很少把注意力放在当下，放在正在发生的事情上。能吸取过去的经验教训、憧憬未来固然重要，但关注当下正在发生的事情同样也很重要。

只有拥有了活在当下的能力，我们才能充分享受正在发生的事情。在顺境里，我们能心怀感恩，在逆境中，我们能保持平静，舒缓焦虑的心情。正念是指活在当下并参与当下的能力。正念是一种主要的复原力技巧，它可以使你记住发生过的好事，也可以使你意识到一切困难终将过去，黎明必将来临。

/ 什么是正念？/

正念是一种复原力技巧，我们可以通过在日常生活中不断地练习而习得正念。

正念（牛津大学出版社，2020a）

1. 觉察到某种意识或某种性状的一种精神状态。

2. 有目的、有意识地关注、觉察当下的一切，包括感觉、思想和身体，而对当下的一切又都不做任何判断、任何分析、任何反应，只是单纯地觉察它、注意它。是一种心理治疗方法。

正念的第一个定义是指把注意力集中于某件事上。你有没有注意到周围或内心正在发生的事呢？

第二种定义与本书中所指的意思相吻合，即把正念视为一种行为。这也使正念成了一种技能。通过将注意力集中到当下，我们可以练习正念，并习得正念。因此正念不仅仅是一种精神状态，它并非与生俱来，而是可以通过耐心的反复实践培养出来的。无论何时何地你都可以练习正念，无须任何设备或特殊场景。在讨论如何练习正念之前，让我们先来谈一谈为什么它是一种如此实用的技巧。

/ 为什么要练习正念？ /

你也许会问，我为什么要关注周围的世界呢？我为什么要关注自己的想法和感受呢？也许有时候，你只想把一切烦恼都抛诸脑后，或者想转移一下自己的注意力。事实上，这也并不总是坏事，而且在短期内它确实很有效。但长远来看，如果你除了转移注意力以外并没有别的解决方法，那么它就不会那么奏效了。长远来说，你必须找出能真正解决负面情绪的方法。以下列举一些关于正念的主要事实，它们阐明了正念能为人们带来什么好处：

许多研究表明，正念可以帮助人提高注意力和专注力，并使人更有条理（Mak et al., 2018）。

正念可以帮你应对包括来自慢性疾病在内的压力（Ahola Kohut et al., 2017）。

正念是一种很有效的复原力技巧，它能使人正确地看待过去和未来。正念能让你学会把握当下，而不是被想法和感觉牵着走。正念能给人们带来很多好处，它能使人更健康和更平静。下面，让我们以劳伦的故事为例，探讨一下在规划未来的时候，正念所能带来的好处。

正念的力量：劳伦的故事

十六岁的劳伦正在读高三。作为一个好学生，她十分担心大学入学考试。总觉得如果进不了好大学，她就会找不到好工作，还会让家人失望。在劳伦很小的时候，她的父亲就离开了，所以她想要获得奖学金，让家人感到骄傲，于是给自己施加了很大压力。

最近，劳伦睡得很不好，她满脑子都是各种事情。有时她会半夜醒来胡思乱想，担心自己考试不及格，错过各种各样的截止日期，会让所有人失望。有时候，她一想到未来，就会担忧得头痛得厉害。

显然，劳伦有很多想要实现的目标，她想要争取奖学金的想法也很好。你能体会到她的渴望吗？然而，对未来的过度担忧干扰了她的睡眠，并引发了头痛。这可能是因为当她变得焦虑时，"战斗或逃跑反应"被激活了，肌肉也变得紧张了起来。她在担忧未来可能发生的种种问题，而身体也在准备应对来自很多甚至都还没有发生的事情的压力。她需要找到一种方法，让自己回到当下，同时仍然朝着目标努力。这时候，正念就能够发挥作用了。

正念是一种让我们了解当下正在发生的事情的基本方法。它最大的好处是，当事情发展顺利时，我们会更加关注到事情好的那一面，而当事情发展不太好时，我们也不会被糟糕的那一面所压垮。身处重压之下时，正念可以帮助你走出困境。

首先，正念可以使我们更有效地处理大脑中的所有想法（请参阅下文"你的想法并不能代表你"）。任何时候，我们的脑海里都有很多想法。我们常常自言自语，这并不疯狂，而是人的天性。如果把脑子里所有的想法加起来，那么我们自言自语的次数甚至会比与别人对话的次数还要多！

下面这些想法听起来耳熟吗？

- 多棒的比赛啊。
- 那家伙真可爱。
- 我希望我没说什么蠢话。
- 真不敢相信我那次考试居然没及格。
- 房间里太吵了。
- 这太难了，我永远学不会。
- 真想知道这个决定是否正确。
- 要是犯了错，我该怎么办？

如果关注一下自言自语的内容，你就会发现这些内容常常是关于过去或未来的，这很正常。但有时候，因为太过关注过去或未来，我们就会错过当下。然而，我们唯一能体验到的时刻就是当下。此时此刻，你正在读这个句子——不是前一句，也不是后一句。过去已经过去，未来还未到来。不必担心下一个句子是否难以理解，你只需要好好欣赏正在读的这句就好。有时候，这样做能使你如释重负，尤其是在你感到压力很大的时候。

除了能使你关注自己的想法外，正念还可以让你的身体在这一刻更加专注地实现着陆。着陆与正念相似，都是能使身体与当下发生的事情产生联结的方法。

对于青少年来说，如果能关注当下所发生的事情，则更有可能去发现生活中被忽视的美好。许多伟大的运动员都描述过类似的经历：在一场艰难的比赛中，当他们把所有注意力都专注于当下时，他们会达到正念的状态。伟大的作家和科学家也谈论过这种感觉——有时候他们太过专注于手头的事情，而忘记了其他一切——这种状态就叫作心流。心流与正念相似，但它通常只产生于解决单一的困难目标或任务时。

正念不仅能在当下帮助你体验心流或实现着陆，即使身处困境，你也能从正念中获益。用一种平静和着陆的心态面对现在的处境，就能更好地反省过去的错误，并从中吸取教训，从而为未来做出更优决定。

具有复原力的人往往能做出正确的决定，也会珍惜当下所拥有的一切。正念是一项重要的复原力技能，因为它能帮你专注于当下。例如：当你意识到，你不需要一次性地应对生活中所有的压力，而是每次都只需要处理一点点压力时，心里的负担就会有所减轻了。正念，让我们对美好的生活心怀感恩，并发现生活中的小美好。

/ 让正念融入生活 /

把注意力拉回到当下的方法有很多，它们都能帮助你建立起应对生活挑战的复原力。在掌握了基本的正念呼吸（见下文）之后，你还可以试着用更多的正念技巧来帮助你应对压力。调动你的思想和五种感官，把这些技巧充分运用到你的日常活动及爱好中吧。请多尝试几种不同的正念方法，看看自己最喜欢哪一种。

别忘了，正念也代表着客观而无偏见地看待事物，因此你要勇于尝试新事物。在找到适合自己的活动之前，请照顾好自己。正念不仅在短期内可以使人感到平静，而且从长远角度看，也能使人更好地应对压力，从而变得更有复原力。

/ 腹式呼吸的基本方法 /

学习正念技巧的第一步是专注于基本的呼吸。呼吸人人都会，但正念呼吸让我们更加关注身体在吸气时的奇妙感觉。正念呼吸时，我们呼吸得更慢，更容易把注意力集中在当下，从而更平静、更放松：

1. 首先，把一只手放在腹部，另一只手放在胸部，正常呼吸几次。你也许会感觉到胸部的起伏比腹部要大。

2. 现在，更缓慢地深呼吸几次。呼吸时，你也许会感受到胸部在起伏，但同时要确保腹部也会起伏。婴儿和狗就是这样用"肚子"呼吸的。

3. 慢慢数到 10，每次呼吸时，尝试用鼻子吸气，感受气流从胸部一直向下流动到腹部。

4. 当你感到心烦意乱时（这是很有可能发生的），缓缓地把注意力转移到呼吸上。你可以不停地重复"呼吸"这个词，或者数着呼吸的次数（"1，2，3"）。重要的是，每当你感觉自己的思绪徘徊于过去或未来时，就轻轻地把注意力拉回到呼吸上。在呼吸时，用心体会当下的感觉。你能感受到肌肉的放松吗？你的思维是否放慢了一点？你是不是没那么焦虑了？

5. 假如在深呼吸后，你的焦虑加剧了，那么请尽量让自己放松。如果你本来就是个忧心忡忡的人，那么真的让你放松时，你会觉得不习惯。在进行这个练习时，如果觉得很困难，就尝试在能让你感到非常平静安全的环境中做，或者请你信任的人和你一起练习。

6. 尝试每天练习 30 次腹式呼吸。虽然在任何地方你都可以进行练习，但最好能选择在安静的环境中开始练习。一段时间以后，你就能在任何场合中进行腹式呼吸了，无论是在课堂上、和朋友一起逛街时，还是听音乐时，其他人都不会发现你正在进行腹式呼吸，只有你自己知道。

在了解了腹式呼吸的基本知识后，你就可以在生活中运用其他的正念技巧了。呼吸是所有正念练习的基础，现在让我们来看看如何在此基础上进行进一步的练习。在关注呼吸的同时，尽量尝试一下在其他的活动中练习正念。

学习正念并不是为了让你心如止水，而是为了让你在日常生活中能更多地关注当下，从而更好地处理压力。别忘了，在进行任何活动时，你都要把注意力集中在呼吸上。在练习的过程中你可能会有些不太好的感觉，你也许会担心，会悲伤，会失望，会沮丧，这都很正常。关键是，无论你有何种情绪都要坚持完成手头的事，并试着把注意力集中在当下。

练习正念的方法有很多。只要你能做到融会贯通，在身处困境时正念技巧就能帮你渡过难关。要想做到这一点，你就必须让这些技巧融入日常生活，成为其中的一部分。尝试一两个能让自己和当下发生联结的活动吧。你可以去散步，进行艺术创作，做家务，吃饭，祈祷，或者做任何你喜欢的事。哪怕每天只能做几分钟，也请坚持下去。下面列出一些活动建议供你参考：

正念与日常活动

你可以把正念融入每天的活动中，如此一来你就不必特意去培养一个新习惯了。

行走中的正念练习。在你去上学或去朋友家的路上，把注意力集中在步伐上，每走一步都感受脚与地面接触时的触感。把注意力集中在身体姿势上，你是挺直后背还是驼着背的？感受一下风吹在你脸上的感觉，并仔细聆听周围的声音。你听到树叶在沙沙作响了吗？你感受到太阳照在马路和皮肤上的炽热了吗？如果你的思绪游离了，就轻轻把它们拉回当下，继续体会脚踏实地的感觉，欣赏周围的景象，聆听声音。

家务中的正念练习。下次做家务时（如洗碗或洗衣服时），试着不要分心，把注意力集中在你正在做的事情上，感受周围的景象、声音、气味和所接触到的物品的触感。充分调动你的感官。洗碗时，感受泡沫水流过指尖时的温暖和海绵的柔软。洗衣服时，花点时间体会一下哪些衣服更柔软，哪些衣服更粗糙。别去想在做完这件事后我还要干些什么，对自己反复默念："这就是我此刻正在做的事。"保持正念呼吸，让自己沉浸在手头的事情中。

你可以把上述的方法运用到所有的日常活动中，只要放慢速度，仔细体会身体的活动和感受就好。你也可以运用类似的方法，让自己全然沉浸在喜欢的事情里。

爱好中的正念练习

通过业余爱好去练习正念的方法有两种。如果能把正念融入你早就喜欢的事情中，你自然而然就能养成习惯。

艺术活动中的正念练习。如果你喜欢艺术，就试着画画吧。在决定好了要画些什么以后，把你的注意力集中在手上，用心感受你的想法跃然纸上的过程，再好好欣赏一下作品的配色。伴随着呼吸，带着赞赏的目光感受你当下正在做的事情。如果此时你发现自己正想着过去的或未来的事，就把注意力拉回到你的手上、呼吸上和作品的颜色上。

唱歌时的正念练习。当你听着喜欢的歌曲跟着哼唱的时候，请关注一下歌词的内容和自己的感受。观察一下你的面部肌肉。你是在微笑吗？你的身体会随着节拍舞动吗？请尽情享受当下，完全沉浸在你喜欢的音乐中吧。

你可以在任何喜欢的活动中进行上述的练习。

吃饭时的正念练习

我们每天都要吃饭、喝水。你可以试试看边吃饭边进行正念练习是什么感觉。

吃饭时进行的正念练习。在吃饭时，把电子设备收起来，关掉音乐，使自己尽量不受打扰。开始吃饭前，花一分钟时间想想盘中的饭菜是从哪里来。想象一下种植小麦和蔬菜的农场，想象一下卡车司机把食材运到市场的过程，想象一下这些食材要经过多少人的手才能出现在你的眼前，变成盘中的美食。花点时间感谢所有让这一刻、这顿饭呈现在你眼前的人们，再想象一下食物的味道。

准备好了就可以开吃了。吃的时候，一定要仔细品味食物的味道。它是咸的还是甜的？这种味道会长久地留在你的口中吗？你是在狼吞虎咽还是在细嚼慢咽？继续吃饭，保持正念呼吸，把注意力放在食物上。

如果你喜欢上面的练习，那就多进行几次吧。你可以在吃零食时也进行上述的练习，比如吃苹果、吃橘子，喝一杯冰牛奶时。

喝水时的正念练习。下次喝水时，仔细体会一下嘴巴和口腔的感觉。含一口水，感受水的温度。吞咽时，想象水正缓缓流过食道。要留心身体的所有感受，仔细体会身体的各个部分同心协力地运作来完成喝一口水的任务时的感觉，这种感觉很奇妙。

你也许已经注意到了，正念可以运用于很多情境，无论是吃饭走路等日常活动，还是你喜欢的事情，任何情境下你都可以进行正念练习。想一想，你还能在什么事情上尝试正念练习呢？

精神上的正念练习

毫无疑问，在我们进行冥想或其他需要专心思考的事情时，正念也适用。你正好可以借此机会试试这种正念练习是否适合你。

正念冥想或祈祷。如果你有宗教信仰或精神信仰，可以试试每天祈祷或冥想。每天抽点时间做几次正念呼吸，想一想你今天最感恩的是什么。想想你的信仰，为自己、家人和朋友祈祷。花点时间，感受一下你与那些伟大的人或事物的联结，让外在的力量带走你的忧愁。在进行正念练习时，留意你的呼吸和想法。

正念的感恩。在每天的固定时间，花一分钟感恩当天发生的美好事情。这件事可以很简单，比如感恩能坐下来休息片刻的时光、阳光的照耀或者美丽的雪景。每天都花点时间留意身边的小确幸吧，哪怕它们看起来是如此微不足道。

上述的练习为复原力（即从挫折中恢复和处理压力的能力）打下坚实的基础。正念练习可以使你对当下的好事心存感激，而当你沉溺于过去或迷失在对未来的担忧中时，它也可以把你拉回到现实。

通过正念应对消极的情绪

正如我前面提到的，人们总是在和自己对话——你自言自语的次数甚至比你和其他人对话的次数还要多！人们的思想对当下的感觉有一种天然的影响。例如：当你对自己说"真不敢相信我居然没能入选！"时，你可能会感到悲伤或失望。当你对自己说"我试镜一定不会顺利的"时，你就会感到焦虑。此外，有些想法可能会带来更消极的情绪。正念练习可以帮你在应对消极的想法和情绪时打开新视角。通过练习，你将不再受困于想法和感觉等细枝末节中，特别是那些关于过去或未来的想法。你可以学着观察它们，并目送它们离开。

下一次当你感到紧张或心烦意乱的时候，请试着运用正念技巧把自己从想法中抽离出来。那些让我们最难过的想法往往都是关乎过去或未来的。这个方法是介于克服情绪和接纳情绪之间的一种折中的办法——你可以感到担忧，但你必须和你的想法之间保持一定距离。

你可以通过多种形象化的方法来练习这一技巧。现在让我们来看一些例子吧。

你的想法并不能代表你（你不是你的想法）

计时一到两分钟，尝试一下以下的形象化方法，看看哪些方法最奏效。在找到适合自己的方法后，一周可以尝试几次，在你感到烦恼的时候尤为适用。

　　在进行练习时，你一定要关注身体。试着用心体会脚踩在地板上时的触感，注意你的坐姿和气息，这将有助于你把注意力集中在当下。

　　想象自己站在一朵松软的云上。你很安全，很舒适，站得很稳。你看到自己的想法飘浮在其他云朵之上，与你擦肩而过。你意识到想法并不能代表你，因为你仍然安全地坐在属于自己的那朵云上。你可以把消极的想法想象成乌云，把那些愉快的或者既不好也不坏的想法想象成松软的白云，它们都会慢慢地飘走。伴随着呼吸，想象云朵一朵接一朵地从你身边飘过。无论是乌云还是白云，你都不能随便跳到别的云朵上。你只能看着它们飘过。

　　想象一列长长的货运列车。这列火车上有很多节车厢，而你的想法则是车厢里的货物。你只是个旁观者，看着满载着你的想法的火车呼啸而过。有些想法放在贴着"困难"标签的车厢里，有些想法放在贴着"愉快"标签的车厢里，还有些想法放在贴着"待办清单"或"担忧"标签的车厢里。有些想法被放在了没有标签的车厢里，这也没关系。你不上车，只要试着在一旁看着想法们来来往往就好。

　　想象自己身处行李提取处。回转的行李传送带上摆放着装着你的想法的行李箱。有些行李箱又大又重，还有些行李箱看起来又漂亮又干净。传送带上偶尔还会摆放一两个盒子。你不需要拎起任何一个行李箱,只需要站在一旁看着这些满载着你思绪的行李箱转来转去就好。

想象一条蜿蜒迤逦的小溪。看着自己的想法漂浮在水面上。有的想法就像刚刚坠落到小溪里的美丽落叶,能毫不费力地随着溪水流动。有的想法就像掉落的大树枝,较大的那些树枝会卡在溪流中间,还有些树枝会被冲上岸边,但在溪水的冲击下,它们终将继续流动。你只需要坐在岸边,静静地看着承载着你的想法的花、枝、叶随着溪流顺流而下。

像上面这样,以旁观者的角度去看待自己的思绪的确挺具有挑战性,但这样做能帮你更好地应对一些消极的情绪,如悲伤或焦虑等。

此外,在感到沮丧或担忧时,一些具体的着陆技巧也可以帮助你。正如前面所提到的,着陆可以使身体当下的反应与周围的环境发生联结。所以,接下来让我们抛开思想和感受,进一步探索正念技巧如何帮你的身体和感官实现着陆,从而使你学会以健康的方式处理压力——这也是复原力的重要内容。

着陆技巧

着陆技巧是一种能使人专注于当下的方法,在压力很大的时候尤为适用。通过这些技巧，你能运用身体和感官将注意力集中到当下发生的事情上。当你感到难过、生气或焦虑时，可以试试下面的这些方法：

运用嗅觉。点一支香薰蜡烛或喷一下喜欢的香水，然后深呼吸几次。试着把你的注意力集中到当下，充分享受房间里的香味。如果你走神了，轻轻地把意识拉回到当下。

运用触觉。挑一件你喜欢的物品，可以是毯子也可以是减压球，拿在手里仔细体会它的触感。它是粗糙的还是光滑的？是冰冷的还是温暖的？触摸是一种非常有效的正念工具，能让你在感到不知所措时集中注意力。

运用味觉。倒一杯冰水或冰镇果汁，缓缓地咽下，认真感受当下的感觉。在你思绪游离时，要把注意力拉回到身体的感觉上。感受你味蕾的反应。每喝一口就深呼吸几次，轻轻地专注于此刻。

运用听觉。播放一段你喜欢的音乐，专心致志地听。坐好后仔细聆听每一段旋律，安安静静地听，不要和任何人交谈，给自己几分钟的时间享受音乐。如果此时你又想起一些烦心事，就告诉自己过几分钟听完了这首歌以后再去想吧。此时此刻，你只需要让自己完全沉浸在音乐中。

运用视觉。欣赏一件你最喜欢的艺术作品，看一幅你喜欢的画，或者看看窗外的景色也可以，你可以看树、雪、一块粗糙的石头或一棵小草。注意观察它们的颜色形状以及所有的细节。在移开视线时，注意感受周围光线的变幻。它们是明亮的还是模糊的？那里有影子吗？花一分钟时间仔细观察，并深呼吸，让自己好好感受眼前的一切。

寻找适合自己的正念练习：劳伦的故事的后续

前面我们讲了关于劳伦的故事。她总是在担心自己的未来，常常失眠，也害怕让家人失望。后来，劳伦尝试了许多种正念技巧，发现自己很喜欢每天散步。

在散步时，她留心观察树木的颜色，聆听公园里的狗叫声。最初，劳伦觉得这是在浪费时间，但她对自己说，每天只花 10 分钟散步，这也浪费不了多少时间。

几周后，劳伦感到内心平静些了，尽管有时候她仍然会头痛，但次数减少了。每当她开始担心未来的时候，只要用冷水洗脸，做几次深呼吸，就能把意识拉回到当下。通过关注当下，她的睡眠也有所改善。

本节回顾

正念无法直接解决你的问题或让你无忧无虑，但它可以帮你理清思绪，使你感到平静、专注而踏实。正念能让你在许多情况下获益良多，如准备迎接一场困难的考试时、睡前放松、学习如何排除干扰，或者享受和朋友们在一起的时光。

　　日复一日地正念练习能帮助你建立起复原力，应对消极情绪，以及更好地应对压力。尽管本书中的其他章节还将介绍如何通过与他人交谈来缓解压力，但正念技巧本身就是个很好的解压方法，让你学会欣赏生活中的积极方面，更专注于当下。

技巧 4
接纳你的消极情绪，避免被情绪压垮

通过研究那些在压力下仍能展现出复原力的人们，我们发现其中一个关键是他们能处理强烈的感觉和情绪。有时候，我们会误以为复原力强的人不会有很强烈的情绪，因为他们在任何时候都能保持冷静。然而事实并非如此，他们只是可以在安全空间内识别、处理和表达自己的感觉。心理学家用"痛苦耐受力（distress tolerance）很强"来形容他们，这也意味着他们能够很好地处理消极情绪、想法和感觉，并从中恢复过来。从专业术语的角度来看，这就叫作"情绪容忍力（emotional tolerance）"（Linehan，1993）。

情绪容忍力
1. 忍受负面的情绪或身体感觉的能力。
2. 在压力和逆境中管理紧张情绪的技巧。

我们将会在本章节谈论关于情绪容忍力的技巧。但在此之前，我们要先了解一下你可能会有哪些强烈的感觉或情绪。

/ 情绪容忍力为什么很重要？/

在难过的时候，你的朋友、家人或其他好心人曾对你说过以下的话吗？

○ 别哭了，一切都会好起来的。

○ 别生气了，现在的情况还不算太糟糕。

○ 不用担心，你一定能搞定的。

○ 你现在需要做的是＿＿＿＿＿＿＿（呼吸、运动、忘了这事）。

○ 你的反应过激了。

○ 你只需要转移注意力就好。

○ 你杞人忧天了。

○ 坚强点。

上面的话我们经常听到。也许是别人曾对你说过这些话，也许是你曾对别人说过这些话。当今的文化使我们不喜欢强烈的情绪。因此，我们总想处理它们，让自己尽快摆脱这些情绪。在短期内，这种做法看似可行，因为我们总能暂时地压制住这些强烈的感觉和情绪。但从长远来看，这种方法是行不通的。也许你会发现，越是想逃避让你感到压力的情境和情绪，你的情绪就越强烈。让我们来看看戴夫是如何在社交场合处理他强烈的情绪的。

社交恐惧：戴夫的故事

十五岁的戴夫是一名高一新生。他是个好学生，但却没有什么朋友。每当身处陌生环境，他就很容易感到紧张，因此他尽量避免参加任何社团活动或运动。他总是担心自己会说错话，又怕别人会觉得他说的话很无聊。戴夫总是想避开别人的目光，无论是在等公交车还是在上课时，他都会低头看手机玩游戏，这样一来别人就不会来打扰他了。

在这个故事里，戴夫通过玩手机的方式转移了在社交场合的不适感，这在短期内效果很好。你懂得他的社交焦虑感吗？假如回答是肯定的，你也许也认为只要周围的人都没有注意到你，你就可以减少社交焦虑了。然而，从长远角度看，这其实反而加重了戴夫的焦虑感。这是为什么呢？因为越是避免与他人接触，戴夫就越会觉得自己没有什么有趣的话要说。他从来没有尝试过与陌生人交谈，继而选择避开他们，避开社交场合。这种恶性循环会持续很长时间！

很显然，无论是对于戴夫还是对于我们来说，这都不是长久之计。假如他找到了一份暑期工，他必然得和陌生人交谈。等他上大学了，他还是得和不认识的人打交道。长远来看，如果戴夫学不会处理社交焦虑，他就无法结交新朋友，尝试新事物。他每一次的逃避，都会加厚他内心的壁垒，让自己更难以打破固有模式。

复原力强的人都懂得这个道理——每个人都会有强烈的情绪，这很正常。但他们往往会接纳这些情绪，而不是被情绪压垮。可悲的是，在我们的文化里，人们往往把坚强等同于坚忍，即完全不能流露出个人情绪。有时我们会过于频繁地逃避我们的情绪，于是慢慢变得不堪重负了。

一开始你也许能强忍怒火，最后你却情绪爆发了。你之所以会无法控制地爆发情绪（例如：不能自已地哭泣、叫喊或恐惧），可能正是因为在那之前，你的消极情绪不断地积累，而你总是想要否认它们。从根本上说，这就像刚开始下雨的时候你故意视而不见，转眼间，你已经被困在暴雨中了。

反观那些具有复原力的人，我们发现这些人都懂得接纳自己的情绪，而不是无视它们。通过练习，他们的情感肌肉变得很强壮——这意味着他们可以忍受强烈、沉重的情绪。痛苦耐受力是指处理负面情绪的能力。下面列举一些与痛苦耐受力有关的关键事实：

提高痛苦耐受力可以使你在压力之下免受抑郁症的困扰（Felton et al.，2019）。

一般情况下，具有较高痛苦耐受力水平的青少年不会经常吸烟（Shadur et al.，2017），这也可能会使他们在未来拥有更健康的身体。

学会更好地处理复杂的情绪可以让你安全驾驶（Scott-Parker 2017），减少车祸发生的可能性。

/ 提高情绪容忍力 /

告诉你个好消息，正如本书中介绍的所有其他技能一样，情绪容忍力也是可以通过练习而习得的。人类生理发展的长期状态往往会受到情绪的影响。情绪根植于我们的身体，从穴居人时代开始，人类就一直在经历着同样的基本情绪。例如，每个人都经历过这些基本情绪——快乐、悲伤、愤怒和恐惧。产生这些情绪时，我们的大脑和身体就会分泌某些化学物质和激素（Ekman，1984）。

感觉一般是很短暂的，来得快，去得也快。感觉一词，可以用来描述更深层次的情感，或者内心的感受。提高情绪容忍力的第一步是认清你的感觉。下面举一些例子：

喜悦	抗拒
满意	绝望
骄傲	孤独
感激	紧张
热情	疑惑
激动	没有安全感

续表

干劲十足	漫不经心
下定决心	失望
恼怒	沮丧

/ 分辨自己的感觉 /

要是能学会分辨自己当下的感觉，你就在忍受可能持续时间更长的强烈情绪上更进一步了。每天早上、下午和晚上，各挑一个你方便的时间段（当然，不能在上生物课时），在手机上反复设置一个闹钟。闹钟响起时，请试着用一个词来描述你当下的感觉，一天三次。你可以把它们写在手机上，再大声说出来。记住，只用一个词来描述。

你不需要尝试去改变当下的感觉，这只是为了让你更多地反思。写下你的感受，并坚持一段时间，然后回顾自己写下的内容，看看能否从中找到什么规律。也许因为每天的第一节课是数学课，所以你常常会在早上感到紧张。因为你喜欢在晚上打篮球，所以你的夜晚总是过得很轻松。

/ 原发情绪（Primary Emotion）和次级感受（Secondary Feelings）/

除了要分辨自己的感觉，你还需要观察自己的原发情绪和次级感受之间有什么区别。我们通常把人的第一反应称为原发情绪。注意，情绪一般指基本的体验，如悲伤、快乐、恐惧或愤怒——身体往往会对它们做出生理反应（比如哭泣、微笑、出汗或心跳加速）。次级感受是指原发情绪所引发的反应。例如：你可能会因为自己的悲伤或沮丧而感到羞愧，或者会因为自己的恐惧或焦虑而变得烦躁。此时，你的原发情绪是悲伤或恐惧。

如果此时，你因为自己的情绪和感受而开始了自我谴责，你的原发情绪会变得更糟。例如：在试图逃离或避免悲伤的感觉时，我们往往会经历更多的痛苦，如感到焦虑或愤怒。

有时候，当多种负面情绪一起涌上来时，你可能会感到不知所措。这时候，思考一下你的原发情绪是什么，可能会对你有所帮助。这就如同一层一层地剥开洋葱，问问自己，这背后有什么原因吗？例如：也许你在生一个朋友的气，但深究愤怒背后的原因，你意识到是因为他举办了一个派对却没邀请你参加，你因此而感到受伤和难过。又或者你可能会因为父母对你太严厉而感到沮丧，但反思这沮丧的背后，就会发现你真正担心的是如果一直都不能和朋友们出去玩，他们会因此而不喜欢你了。

一层一层地剥开洋葱后，你也许会发现所有的感觉都指向一个更基本、更核心的情绪，比如快乐、悲伤、愤怒或恐惧。认清自己的次级感受也很有用——特别是当次级感受给你带来更多的压力或痛苦时。在陷入困境时，我们要学会接纳原发情绪，对次级感受也要学会放手，这是一种非常有效的方法。

/ 辨别原发情绪和次级感受 /

下次你感到压力很大的时候，请尝试辨别一下，哪些是你的原发情绪，哪些是次级感受。原发情绪通常比较简单直接，你甚至可以通过身体感受到它们。例如：因为担心而感到心跳加快，因为悲伤而哽咽，因为生气而冒汗。次级感受通常与我们的自我批判有关。有时这些自我批判会增加我们的痛苦感受。

在感到情绪复杂时，你要先留意自己的自我对话和当下的感受，然后看看其中是否隐含了什么次级信息。这些次级感受让你感到更糟了吗？只有通过练习，你才能做到这一点。所以如果你需要挺长一段时间才能以这种方式去思考的话，也不要气馁。下面举一些例子：

	原发情绪	次级信息	次级感受
这次考试，我要是能多复习一会儿就好了。	焦虑	笨蛋，我怎么没好好复习呢！	羞愧

续表

	原发情绪	次级信息	次级感受
被男朋友甩了，我好伤心。	悲伤	其他人肯定会在背后议论纷纷的。	尴尬
真不敢相信，老师居然说我作弊，我并没有作弊啊！	愤怒	要是别人，肯定会为自己辩解的。	失望（对自己很失望）
真不敢相信，居然选了我当话剧的主角！	幸福	我无法胜任这么重要的角色啊。	自我怀疑

痛苦的感受和消极的情绪总会消失的。在前面的章节里，我们讲到了戴夫逃避焦虑的故事。现在让我们继续来讲讲这个故事的后续，看看他有什么收获：

辨别原发情绪：戴夫的自我挑战

通过练习，戴夫了解到自己在社交环境中感受到的原发情绪是恐惧和焦虑。他意识到正是因为交不到新朋友，他才会感到自己没有价值和无聊的。

于是，戴夫决定下次等待上课时他要体会一下焦虑的感觉，而不是立即靠刷手机来逃避。接下来的一个星期，在等待上课的时候，他完全没有玩手机，而是练习深呼吸，并刻意让自己与其他人的目光交汇。戴夫注意到，一开始时，他的焦虑值通常会达到顶峰，但几分钟后，他的焦虑程度又会慢慢下降。

第四天，有个同学走到戴夫的面前说："咱们都在同一个班上数学课吧？你知道我们的作业是什么吗？"现在，戴夫已经能面对强烈的情绪了，在社交场合也变得更加自信了。

只有不再逃避消极的想法和感受时，我们才可以关注周围发生的事情和当下的原发情绪。我们会发现其实当下也有一些好的事情发生，只是我们没有注意到它们罢了。我们也许还会发现，这些让人不适的想法和感觉并不像想象中那么持久。

大多数时候，逃避消极的想法和感受只会让事情变得越来越糟。这些想法和感受就像手机短信——在被阅读之前，会一直不停地提醒你要去关注它们。想象一下：在收到一条短信时，屏幕会不断弹出"你有新的信息"的提醒，只有在你点开了它之后，它才会停止提醒。

看看你的情绪会维持多久

在前文技巧 3 中，我们学会了用各种正念技巧来处理强烈而消极的感受。你还可以尝试下面的方法，把正念和提高情绪容忍度练习结合起来：

情绪抽离。有时候，与你的情绪保持点距离很管用。所以，下次你感受到强烈情绪时（无论是积极的还是消极的），试着想象一下这些情绪被放在了传送带上的盒子里。每个盒子上都清楚地写着你当下的感觉。你就站在一旁，看着自己的情绪在传送带上流转。不要尝试去改变当下的感觉，静静地观察就好。

一边观察每个盒子一边大声数数，看看这些盒子会在你眼前停留多久。盒子淡出视野也就意味着某种情绪消失了。然后，问问自己，这种情绪的持续时间有没有比想象中长。

有强烈的感受时，请举手。 是的，这听起来也许有点傻，但实际上这样做能很好地证明，有些你以为会萦绕在心挥之不去的感受并不会持续太久，所以请试一试吧。（你也可以在只有自己一个人的时候才这么做，这样就不会感到尴尬了。）从 1 到 5，按照感受的强度打分。例如：1 分代表"有点失望"，5 分代表"非常失望"。全程你都要举着手，随着情绪强度的下降，手越举越低，直到放下为止。请注意，你的情绪不会一直维持在高强度的。

/ 表达你的感受 /

学会恰当地表达强烈的感受可以提高情绪耐受力。如果一味地忽视自己的感受，你可能会在情绪累积到临界点后不能自已地号啕大哭或大喊大叫。只要你还能去感受，你就需要去表达它们。有时候，因为害怕受伤或感到脆弱，你可能会试图麻痹或压抑自己的情绪，而不是用心感受它们。你能从下面这些话里看到自己的影子吗？

○ 我最好忘了这事。
○ 不能告诉他们我的感受。
○ 我不能为这种事伤心。
○ 这事不值得一提。
○ 反正也根本没人关心我。
○ 如果我表达任何消极的想法，那就是不知好歹。

如果你常对自己说上面的话，那么你就需要去学习表达那些让你脆弱的情绪了。我们会有消极的情绪很正常，想要以健康的方式表达这些情绪也很正常。表达情绪并不会让情绪变得更差，也不意味着你不知好歹。事实上，你甚至可能会发现，在表达了负面情绪后，你的情绪似乎有所缓解。

勇于表达自己

表达自己的负面情绪的确让人望而生畏。然而，在给自己的感受贴上标签，或者大声说出这些感受之后，你可能就会发现，自己的情绪似乎变得没那么强烈了。

　　下次在你感受到很强烈的情绪，如愤怒、悲伤、失望或焦虑时，请不要试图麻痹或压抑它们，这只会让你最终被情绪压垮，因为不能自已而情绪大爆发。试试下面这些建议吧。首先，从 1 分（不强烈）到 10 分（非常强烈），给你的情绪打分。然后试试运用下面这些技巧，看看它们能不能帮你提高情绪容忍度，并最终平复心情：

　　写下你的感受。例如："此刻，我感到很无助。"然后补充写："但这种感觉不会一直持续下去的。"把这些话重复写十遍。你也可以给自己发信息，但不能复制和粘贴。关键在于，你需要切切实实地把它"写"十遍，然后看看心情是否有所平复。每次读到你写下的内容时都要问问自己："我的感受还是那么强烈吗？"

　　与镜子里的自己交谈。是的，你肯定会觉得这么做很傻。你可以从讲述自己的感受开始，例如："我感到很受伤，因为我觉得没人会在乎我。"接下来，问自己："你能百分百确定吗？"然后，深呼吸。接下来，再重复说十次，看看你的感觉是否依然那么强烈。

　　告诉别人你的感受。这一点很难做到，但如果可以，试着找一个你爱的又可信的人。告诉他："不需要给我任何建议，我只是想倾诉一下。我真的感到＿＿＿＿＿＿＿（悲伤、沮丧、失望、生气、受伤，或者其他任何感受）。"试着每周至少倾诉一次，以达到真正锻炼情绪耐受力的目的。后文技巧 7 中将更多地围绕社会支持展开。如果你此刻想不到可以信任或者依靠谁，请参考技巧 7 中的内容。

本节回顾

我们需要转变旧观念，坚忍或冷静并不等同于坚强。事实上，每个人都会有强烈的感受。身处高压之下人一定会产生强烈的情绪，这不要紧。一味地逃避或任由压力累积，只会让你最终感到难以承受而被压垮。有勇气直面自己的感受，才能提高你的情绪复原力。

提高情绪容忍力的方法有很多，包括认清原发情绪，对那些只能增加压力的次级感受放手，用正念技巧看清消极情绪的实际持续时间（通常比你想象中短），以及学会倾诉自己的感受——可以把它写下来、与镜子里的自己交谈，或者对其他人倾诉。

情绪容忍力的习得需要耐心和反复练习。假以时日，你会发现自己在应对强烈的情绪和困境时变得更自信了，甚至会成为朋友和家人的榜样。

技巧 5
转化你的负罪感，从过去的经验中学习

经过观察研究，我们发现那些具有复原力的人虽然也经历过困难和挫折，但他们却视其为改变和成长的机会。反观自己的生活，你会发现有时候这些困难并不是谁的错误导致的。例如：你们全家人不得不搬到另一个国家，你也因此要转到新学校结交新朋友。或者因为所在学校面临持续的健康风险，你不得不在线学习一段时间。

有些挫折会对你的生活产生深远的影响。例如：父母离婚了的孩子，就必须适应把时间分配给两个家庭的生活。有些夫妻相互之间的沟通不顺畅，他们的子女就不得不面对这个问题。在某些情况下，虽然错不在你，但是成年人做出了影响你生活的决定，而你对此并没有发言权。

还有些时候，你会觉得所有的挫折都是自己一手造成的。譬如说，你整个学期都没有好好做作业或者没有认真学数学，因此你考了个很差的成绩。或者你不停地说一个朋友的坏话，从而伤害了朋友的感情。

在一般情况下，人在做错事后的第一反应就是默不作声或申辩，但有复原力的人会把犯错当作成长的机会。在这一章节我们主要探讨在做了一些让自己陷入困境或让你

感到受挫的事后，你该怎么办，以及如何从中吸取教训获得成长。

复原力的关键是直面困难和挫折，请思考以下问题：

1. 在这件事情里，哪些部分是我能控制的？

2. 我能从中吸取什么教训？

3. 出于什么原因，我能原谅自己？

有两个词语可以帮助我们回答上述的问题：羞愧和内疚。

羞愧（牛津大学出版社，2020c）

1. 一种由于意识到做了错事或愚蠢的行为而导致的屈辱、窘迫的痛苦感觉。

2. 令人遗憾的事。

在心理学上，我们一般认为羞愧感能反映你是怎样的人。例如：如果你伤害了别人的感情，拿走了本不属于你的东西，或通过撒谎得到了想要的东西，你可能会因此感到羞耻，认为自己是一个坏人。在感到羞耻时，你会觉得自己很差劲，甚至都不配为人。你可能会想：我真是个可怕的人，我活该。

内疚与羞愧有关，但有几个主要区别。

内疚（韦氏辞典，2020e）

1. 有罪（违犯行为的事实）。

2. 犯罪，尤指有意识地犯罪。

3. 内疚，不安（因过错而产生的感觉）。

在同一情况下，有些人会感到羞愧，而另一些人则会感到内疚。在感到内疚时，我们关注的是如何处理这个情况，在感到羞愧时，我们关注的是个性特点——该如何把自己视为一个整体。例如：在你很累的时候，有个朋友来找你倾诉，于是你对他说了些刻薄的话。如果你感到羞愧，你就会想：在朋友需要支持的时候，我却没能安慰他，我真是个坏蛋。如果你感到内疚，你会告诉自己：我要向朋友道歉，并且，下次哪怕再累，我也要倾听朋友的话。

从心理学的角度来看，大多数人更容易感到内疚，因为它是"可控的"。与羞愧不同，内疚可以帮你从错误中学习。虽然不能使你抹掉那些让自己后悔的事情，但是内疚能让你为自己的行为负责。如果你在某个情况下做了很刻薄的事情，这使你感到很糟糕，那么你就要吸取教训，并在未来做出不同的选择。

那些感到内疚的人可能会采取更健康的应对方式，而感到羞愧的人则可能感到不知所措（Shen，2018）。羞愧只能让你觉得自己很坏或很可怕，但并不会促使你改变自己。下面的数据将帮助你理解内疚和羞愧之间的区别。

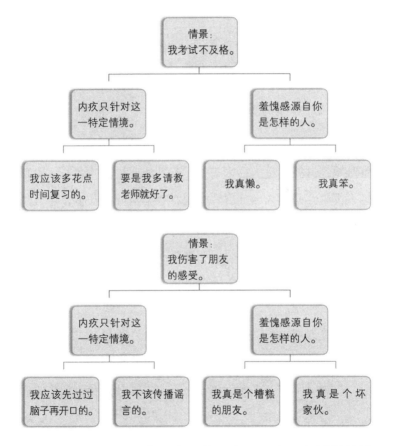

在感到羞愧时，你很有可能一遍又一遍地犯同样的错误，因为你认为自己就是这样的人。如果感到内疚，你就可以改变自己的行为。在这一章节里，我们将带你回顾过去的挫折，展望将来可能遇到的障碍，并探讨如何把羞愧变成内疚。也就是说，这一章节能帮你认清哪些东西是掌握在自己手中的，让你从错误中吸取经验教训，并原谅自己做得不对的地方。这样不仅能改善你的人际关系，还能增强自信心，你也会以更乐观的态度迎接未来。

/ 注意：社会偏见从来都不是你的错 /

值得一提的是，别人给我们贴上的标签也会让我们产生羞耻感，这些标签包括来自父母和其他成年人的。假如周围的人都说你是坏人，你就真的很难放下这种羞耻感，尤其是这个评论还是关于你无法改变的事情时。在这种情况下，羞耻感是偏见或侮辱的产物，而不是因为你真的做错了什么！以下是关于羞耻感的一些关键事实：

○ 羞耻感可能与性取向或性别身份有关。

○ 羞耻感可能与种族、民族或宗教有关。

○ 如果你是虐待的幸存者——尤其是性虐待——你可能会感到羞耻。

○ 羞耻感可能与体重或对身材的其他不满有关。

○ 羞耻感会增加包括抑郁症在内的心理健康问题风险（Tilghman-Osborne et al.，2008）。

我一再强调，任何人都不该因为自己的身份而感到羞耻，谁都不该因为自身的性别认同、性取向、种族、民族、宗教、创伤史或外表而感到自卑。在你大声说出自己遭受歧视、暴力或虐待的经历时，也许有人会试图羞辱你。但这都不是你需要改变自己的理由，而是这个世界需要改变，那些说话刻薄、瞧不起别人的人需要改变！如果此时，你正在为这些问题而痛苦挣扎，并且需要更多的支持，本书后面的资源部分会有更多相关的内容可供你参考。本章节中，我们将主要探讨在发生了一些你很想改变的事情时，内疚和羞愧的区别。

/ 人为什么会感到羞愧？/

你也许想知道我们为什么会感到羞愧，这也有助于我们理解为什么人会有复杂的感觉。以疼痛为例，在不小心碰到非常热的东西时，你的身体会释放出化学物质，这些物质会给大脑发出疼痛的信号。疼痛的感觉很剧烈，于是你立即把手从热的物品上移开。这一系列的过程可以使你的身体免受组织损伤。

同样的，羞愧感也会引发头脑和身体的强烈反应。其目的是保护人际关系和社会关系（Breggin，2015）。譬如说，你偷了别人的午餐，然后看到午餐的主人因此而挨饿，你可能会感到羞愧——觉得自己是个坏人。假如你为了挤到队伍的前端而把别人推开，你可能会感到羞愧——感觉自己是个恶人。

从进化的角度来说，羞愧感是为了让人能在团队中好好合作，好好工作。让我们从穴居人的角度来思考一下这个问题吧。羞愧感使得穴居人不会去偷别人的东西，也不会伤害别人，从而促使住在一起的穴居人能相互合作，这是件好事。

羞愧感引发的最大问题是，它会变成一种常态化的感觉。内疚一般是针对某一情境的，而羞愧感则是关乎你的为人的。在感到万分羞愧时，你可能会不知所措，不确定自己能否做得更好，于是，你觉得无力去改变现状，从而继续这些不良行为。假如不尝试着去改变，你就无法从经历中学习并获得成长。下面让我们看看布莱恩的故事。

羞愧感会让你陷入困境：布莱恩的故事

14 岁的布莱恩是个高中生，他的父母最近离婚了。布莱恩和妹妹跟着妈妈搬家了，他和妹妹也不得不转学去一所新的高中就读。在此之前，布莱恩的成就感主要来源于在校篮球队打球，可他却没能入选新学校的篮球队。布莱恩感到很失望，他十分想念他的老朋友和老师，但却从未和任何人谈起此事。与此同时，对于被迫搬家一事，他越发感到愤怒。

布莱恩开始从商店偷东西，并且在考试中作弊。在做了这些事后，他的感觉糟透了。于是他对自己说："你真是一个废物。""反正一切都不重要了。"布莱恩无力改变自己的行为，因为他给自己贴上了废物的标签，这也意味着他将永远无法改变或做些不一样的事情。

在这个故事里，我们可以看到布莱恩常常感到羞愧。他给自己贴上了"废物"的标签，而不是评价自己的行为（如作弊和偷东西都是不正确的），在考试中作弊或偷东西当然不是什么好事，但我们可以看到，叫自己"废物"并不能促使他改变——恰恰相反，这让他陷入了不良行为的恶性循环。正因如此，学会将羞愧转化为内疚十分重要。假如布莱恩对自己说："我对自己的所作所为感到非常内疚，我不是这样的人。"他也许还能想出别的办法。例如：他可以和别人谈谈自己的感受，或者考虑一下参加其他的运动。

内疚更多的是与情境相关，与性格或为人关系不大。感到内疚时，人们不会笼统地认为自己是个坏人，而是意识到自己做错事了。然而，内疚并不能使你摆脱困境。你仍然需要弄清楚需要改变什么，并努力做得更好。只是内疚感与羞愧感不同，它不会去定义你是谁。

让我们再看看布莱恩的例子，假如他没有因为入店行窃和作弊而自责，而是从错误中吸取教训呢？他在当地的一家商店因偷芯片而最终被抓住时，这样的事情真的发生了。幸运的是，念在他是初犯，店主决定只给他妈妈打电话。

布莱恩向妈妈坦白了自己行窃和作弊的事，并且告诉她自从搬家后，他的心情糟透了。他们还谈到了，为什么没能入选校篮球队的事会让布莱恩感到如此失望。尽管无法改变现状，布莱恩的妈妈特意安排他每周两次回到老房子附近找朋友们打篮球。

几个月后，布莱恩在新的学校也交到新朋友了。他依然很想念老朋友们，他为依然能和他们一起出去玩而感到很高兴。他开始承担起与内疚感相关的责任，而不再把注意力集中到入店行窃和作弊带来的羞耻感上。他告诉妈妈："我知道自己没能好好处理搬家转学的问题。我错误估计了它的难度，但我决不会再犯这样的错误了。"

要记住，羞愧感与你的自我评价相关，而内疚感则关乎你处理事情的方式。这里有一些例子可以帮助你分辨哪些是羞愧的想法，哪些是内疚的想法：

羞愧的想法：	内疚的想法：
我是个失败者。	我真不该那么做。
我真笨。	我真不该那么说。
我真刻薄。	我得想想怎样才能做得更好。
我真懒。	我的行为让我感到很糟糕。
我永远没法变得和我的朋友们一样优秀。	我早该知道的。
我一点也不体面。	
我总是干蠢事。	

抓住感到羞愧的瞬间，并把它描述出来

有时候，你会对自己感到失望或沮丧，这很正常。可能是由于考试考得不好，可能是由于你对小妹妹很刻薄，或者是由于忘记了某人的生日。下次再碰到类似情况，把你的感受写下来。一字一句地记录下你对自己说的话，如：我是个糟糕的朋友，或者我是个一团糟的人。

接下来，试着搞清楚这种感觉是羞愧还是内疚。下面的问题可以帮你分辨两者之间的不同：

是不是我在某个情形下做过的事或说过的话让我感到很糟糕？如果答案为是，那么这很可能是内疚。

总的来说，我觉得自己是个坏人吗？如果答案为是，这很可能是羞愧。

我是否感到无力改变它？如果答案为是，这很可能是羞愧。

此时此刻，你不需要试图改变羞愧感，只需认识到你感受到它即可。注意察觉你身体的哪个部位正在感受这种情绪，也会对你有帮助。许多人通过腹部（胃）、胸部、脸颊感受到羞愧的感觉。留意一下自己是不是脸红了，是不是难以面对他人的目光，或者有没有感到胸部或胃部发紧。每个人表现羞愧的方式都不一样，第一步是识别与之相关的想法和身体的感觉。

/ 把羞愧转化为内疚 /

每个人都曾有过感到羞愧的时刻。我们都知道这并不是一件坏事。羞愧感促使人们去思考自己可能会给他人带来何种影响。关键是不能沉溺于羞愧中，否则你会不停地犯同样的错误。日积月累，这不仅会对你的人际关系产生负面影响，也会让你的感觉变得很糟糕。你会觉得自己无法承受压力和错误，也无法从错误中学习——而这些都是复原力的重要部分。

只需通过几个步骤我们就可以把羞愧转变成内疚。首先，必须更好地认清自己的情绪，分辨哪些是羞愧，哪些是内疚。如果搞不清这个问题，我们就什么都无法改变。羞愧感很狡猾。有时候，它会在我们最意想不到的时候悄然而至，所以第一步就是要学会监控它。

另一个重要步骤是弄清楚当前的困难和挫折是不是仍在我们的掌控之下。有时候，我们只是得过且过地过日子，并没有花时间去尝试能从过去吸取什么教训。那些具有复原力的人所经历的挫折其实一点也不比我们少，只不过他们能把挫折视为反思和成长的机会罢了。

我的作用是什么？

回想一下你过去几周或几个月的生活。回想一下你最近遇到了什么挫折。也许是没能考出理想的分数，也许是和朋友、父母或男 / 女朋友吵架了。在思考是什么原因导致这个结果时，你先想一想哪部分是你本可以控制的。按照下面的标准从 0 分到 100 分来为它打分：

0 分：我完全无法控制这个结果。

50 分：其实我本可以控制其中的某些因素。

100 分：这都是因为我的选择造成的。

假如你对现状几乎没有控制权，那么无论你花多少时间去想你还能做些什么都毫无意义。在这种情况下，你可以和那些对这些事情有控制权的人谈谈（比如：你的父母或老师），让他们帮助你应对挫折。

假如你觉得自己至少还有些许的控制权，那么你就可以多想想未来还能做些什么。把以下问题的答案写在笔记本上或记在手机上，这会对你有所帮助：

　　○ 以后我要做的一件事是……
　　○ 我从这件事情中学到了……
　　○ 我不会再犯……的错误

在回答这些问题时，要确保这些事情是你可以改变的。记住，你无法控制别人的行为或反应。你的最终目的是学会专注于积极的、具体可行的行动。

假设你听到有几个朋友在说你的坏话从而感到受到了伤害，于是你也开始在其他人面前说他们的坏话，导致现在你圈子里的朋友们关系都不太好。在这种情况下，与其对自己说"我从中吸取的教训是不能信任朋友"之类的对你并没有什么好处的话，还不如对自己说："下次再碰到类似的情况，我会在听到他们说我坏话的那一刻就直接去找他们谈谈。"后者让你在下次面对类似情况时能制定更具体的应对措施，从而提高你的复原力技巧。

在学会了辨别羞愧感，并了解你能从日常的挫折中吸取什么教训后，你下一步就要学会把羞愧感转化为内疚感。在处理大一点的问题时这个方法尤为有效——譬如说在那些让你引以为耻的事情上。或许是有人被欺凌时你袖手旁观（更有甚者，你也参与其中），或许是你明明知道自己做错了却把责任推卸到别人身上，又或许是你失信于人了。诚实地面对自己并不是件容易的事，但如果你能有坦然面对自己的勇气，就一定会获益良多。

记住，你并不是一个人。每个人都会说过让自己后悔的话，做过让自己后悔的事。每每想起这些事时我们都会感到不好过，如何处理这些事对我们每个人而言却是极其重要的命题。

拥抱失败

回想一下你曾做过的不那么光彩的事情，这也许会让你感到万分羞愧。可能是你伤害了别人的感情，也可能是你做了一些自知大错特错的事情。深呼吸几次，去感受自己的情绪。闭上眼睛，从 1 数到 10，觉察此刻糟糕的感受，告诉自己要学会改变这种情绪。承担责任和制定未来的计划有助于你改变这种糟糕的情绪。以下是关于如何承担责任的一些方法，请从中选取适合自己的：

把你想怎么做的具体方案写下来。一定要写得详细些，譬如说，假如再给你一次机会，你要说些什么，做些什么，或者你要和谁谈谈等。尽可能说得具体些。

与信任的朋友或成年人谈谈。告诉他们，假如再给你一次机会，你会怎么做。询问他们的意见，并据此想象一下要是换一种方式处理事情会变得怎样。

和被你伤害过的人聊一聊。别忘了，羞愧感的意义在于让我们改善关系。要让那个被你伤害过的人知道你感到很抱歉，你已经决定以后再也不会这么做了。尽可能具体地告诉他们，你将会用怎样不同的方式来处理类似的问题。如此一来，你才能把羞愧感转变成内疚感，而内疚感是一种更好控制的情绪。

在经历了上面的步骤后，你此刻也许还在为如何原谅自己而痛苦挣扎。那些复原力强的人也会犯错，只是他们知道该如何从过去的错误中解脱罢了。如果不能学会原谅自己，我们可能会不断地自我打击。长此以往，我们更有可能一次次地犯同样的错误。

有些事是我们本可以做得更好的，要原谅自己在这些事上犯的错误并不容易。有时候，羞愧感会根植于我们心里，使我们不愿放手。人们也许会认为羞愧感能使我们变得更好，但事实是它只会让我们感觉更糟糕。而当我们感觉变得更糟时，我们就无法学习或进步。下面的练习将有助于你找到原谅自己的方法。

宽恕的仪式

如果你正因为无法原谅自己而痛苦挣扎，可以考虑把下面的话记在手机备忘录里或写在笔记本上。发挥你的创意，你可以根据自己的喜好修改这些语句。把你最有可能感到羞愧的情况写下来，再想想如果是你的朋友遇到类似的情况，你会跟他们说些什么。你可以先试着写下以下的话：

羞愧感并不能使我成为一个更好的人，它只会让我停滞不前。

原谅自己并不等于为自己开脱。

我能从错误中吸取教训，别人能做到的，我也能做到。

如果再碰到一些让你很困扰的烦心事，思考一下你能从中吸取什么教训，然后放手。这样一来，你也许会发现，从错误中学习，用不同的方法解决问题不仅能改善你和朋友、家人的关系，还能改善你的自我感觉，让你在压力下成长蜕变。注意，重点不是让你完全放下负罪感，而是你要从失败和挫折中吸取教训。下面这些建议将有助于你从困难中吸取教训，停止自我苛责（羞愧感）。

写下来，然后放手。准备一支笔和两张纸，在其中一张纸上写下相关的事情，在另一张纸上写下你想要做得更好的地方，然后撕掉记录事情的这张纸，只保留记录着你从中学到了什么的那张纸。

使用象征性的意象。如果你更喜爱艺术，那么你可以通过摄影或画画的方式表达将来你想要如何应对困难。例如：你想学会更好地倾听，就画一棵随风摇曳的树，或者拍一张照片也行。这幅画里，树在狂风中依然顽强伫立，就象征着你，在适应周围环境时依然可以保持自我。

想象一个比喻性的画面。充分调动想象力，想象一下你原谅自己的画面，让自己从羞愧感中得到解脱。你可以想象自己卸下了一个沉重的背包而备感轻松，连呼吸都变得畅快起来了。也可以想象一下沙滩上散布着海草、贝壳、脚印，突然一个浪打过来，沙滩被冲刷后什么痕迹都没有了。提醒自己，过去已经翻篇了，我只需从过去的经验中吸取教训，然后展开人生的新篇章。

/ 关于羞愧感和创伤的特别提示 /

上面提到的技巧，主要运用在那些你至少有部分控制权的事情上。事后回想起这些事，你会觉得本可以用其他更好的方式处理它们。但是，假如你经历过一些非常困难的事情——受到虐待、歧视、暴力犯罪或经常被骗——你也可能会感到羞耻。有时，这些创伤幸存者会觉得自己被彻底毁了或感到人间不值得——这与羞愧感密切相关。然而，你不需要把这种感觉转化为内疚，因为这本不是你的错。

没有人活该成为虐待、霸凌或犯罪行为的受害者，这不是你的错。如果你正在为这类事件而感到羞耻，一定要去寻求帮助。本书中的技巧6会讲到关于抑郁和焦虑的专业治疗，技巧7会谈到寻求强有力的支持。如果你正在为曾受到的创伤感到羞耻而痛苦，这些技巧对你而言尤为适用。请不要孤军奋战。有很多人都想帮你，并且能为你提供切实的帮助。

> **本节回顾**
>
> 　　每个人都会犯错，关键是要从错误中学习并获得成长，而不是让错误定义我们。在对自己的所作所为感到羞愧时，我们往往会严厉苛责自己，这种自责往往会引发羞愧感。与羞愧感不同，内疚感的产生仅仅针对当前的情况，也就是我们平时所说的对事不对人。在感到内疚时，我们仍需承担责任，但我们会知道将来如果再遇到类似的情况该以怎样的方式应对。这也是一种重要的复原力技巧。
>
> 　　当你感到羞愧时，试着觉察自己的羞愧感，然后把羞愧的表述转化为仅仅针对该情境的内疚的表述。要学会为木已成舟的事情承担责任，并原谅自己过去犯的错误。这样一来，你就可以将羞愧感转化为内疚感。
>
> 　　虽然内疚的滋味依旧不好受，但是和羞愧感相比，内疚对我们来说有益得多——前提是我们能吃一堑长一智，吸取过往的经验并改变和成长。我在此要祝贺青少年读者们，你们年纪轻轻就学会了这个技巧，将来必能以不同的视角看待错误，活出不一样的人生。

技巧 6
应对抑郁和焦虑

人生在世，难免有焦虑、沮丧、难过的时候。你可能会因为学业成绩、朋友、恋爱或家庭问题而感到烦恼。有时候，你难免会回忆过去，或者担心未来。

如果你曾有过上述的感觉就说明你是个普通人——每个人都有过这样的经历。然而，我们发现身边总有些人能潇洒应对消极的情绪而不被压垮。复原力强的人同样会感受到很多消极情绪，但他们知道如何处理这些情绪以及何时该寻求帮助。这一章节中我们将帮你以更有复原力的方式应对复杂的情绪和感受。我们还会谈到如何应对轻度和中度水平的焦虑。如果你认为自己需要寻求更多的帮助，本章节也会教你一些方法。

第一步是更深入地了解这些常见的情绪。情绪通常由三部分组成：

○ 我们的感觉（身体的感觉）

○ 我们在想些什么（想法）

○ 我们的身体内发生了什么（感受）

这三部分相互关联，相互影响。让我们来看看想法、感受、身体的感觉这三者是如何与焦虑和抑郁相关联的吧。

想　法

身体的感觉

感　受

/ 了解焦虑 /

焦虑是一种基本的情绪。仔细想想，焦虑使我们活了下来。过马路时，我们会左右看（希望你有这么做）。走在路上时，一看到有车开过来，我们就不假思索地走回路边。这是因为焦虑会让人心跳加速，手心出汗，瞳孔放大，还没等我们意识到危险，身体就不由自主地跑到一个安全的地方去了。因此，焦虑能让我们预测危险。

但假如你一直处于焦虑中，被焦虑支配，它就会引发问题。你会不停地胡思乱想，要么会害怕去做一些本就很安全的事情，要么会为日常生活中可能发生的事而忧心忡忡。

学会描述和识别焦虑将对你有所帮助。记住，我们一般只用一个词来描述感受。在感到焦虑时，人们可能会这样描述自己：

担心	压力大
紧张	害怕
焦虑	

当我们有上述这些感受时，我们的想法也会反映出焦虑的状态。这些想法包括：

○ 我就知道有坏事要发生。

○ 我不敢这么做。

○ 我无法应付即将发生的事。

○ 我都快要不能呼吸了。

○ 我要出丑了。

与此同时，我们的身体也会以各种各样的方式反映焦虑，包括：

心跳加速	头晕目眩
流汗	胃疼
颤抖	喘不过气

人的想法、感受和身体感觉三者之间往往会相互影响，换言之，它们是一个循环。例如，在感到平静时，你可能会告诉自己，"我感觉很好"，此时你的面部肌肉也会更放松。

如果你收紧胃部同时加快呼吸，你也许会发现自己变得更焦虑了，你就会告诉自己，"我感觉不太好"。哪怕只改变想法、感受或身体感觉中的其中一个，这个循环中的其他部分也会有所好转。

/ 理解悲伤和抑郁 /

每个人都曾经历过悲伤。在日复一日地失望后，你可能会感到悲伤——例如，发现你喜欢的人不喜欢你。又或者你会因为一些事情而感到悲伤——例如，当一个好朋友搬走了，人是社会的动物，我们与朋友、家人有着千丝万缕的联系，所以人会悲伤。在完成了一件事情后，我们也会感受到幸福和快乐。

有时候，事情的发展不符合预期，我们就可能会感到五味杂陈，而悲伤是其中的一种情绪。据研究表明，悲伤让我们更有动力去改变不喜欢的情况，并注重细节（Forgas，2014）。因此，感到悲伤是件自然的事情，甚至是件有益的事。

而抑郁是一种长时间的情绪低落或绝望。在感到抑郁的时候，你的饮食和睡眠习惯可能会被打乱，你也无法享受生活。

请谨记，情绪是由感受、想法和身体感觉组成的，三者会相互影响。在感受方面，人们在经历悲伤时，可能会这样描述自己：

情绪低落	心碎
悲伤	悲观
不开心、不高兴	绝望
十分痛苦	

在悲伤时，你也许会有下面这些想法：

○ 我的感觉糟透了。

○ 情况永远不会好转了。

○ 我好孤单。

○ 我好心痛。

○ 我无法面对它。

○ 我好累。

此时，你的身体也许会有如下的反应：

哭泣	头痛
疲乏	胃疼

如果你正经历着抑郁或焦虑，记住你并不是一个人。

以下是关于抑郁症的一些关键事实：

大约 12% 的青少年经历过严重的抑郁，他们的抑郁时间可能会持续数周或更长。

近 32% 的青少年经历过焦虑障碍，包括恐慌发作和对特定事物（某种恐惧症）的恐惧或对于社交场合的恐惧（Merikang et al.，2010）。

许多青少年都在为上述问题痛苦挣扎，然而仍有很多青少年认为生活中充满了美好——和睦的关系，学业上的成就感，令人愉快的爱好。关键在于要学会把这些挑战视为成长的机会。

/ 心理健康是一种自我关爱 /

人们总认为保持心理健康不需要付出任何努力。然而，事实并非如此。想一想：我们都知道只有均衡饮食和进行体育锻炼才能保持身体健康。如果不这么做，随着年龄的增长，我们必将面临包括肥胖、心脏病、关节炎和糖尿病在内的各种各样的问题。

心理健康亦如此。如果抑郁和焦虑得不到消解，在生活压力加大时，人们会更难应对，因此复原力强的人也很注重自己的心理健康（Min et al.，2013）。那些懂得关爱自己的人会好好吃饭，好好睡觉，和朋友保持联系，还会写日记记录并反思自己的想法和行为。这样的人，哪怕在人生低谷期也会更有复原力。他们也不会抗拒在必要的时候寻求帮助。

总的来说，人生总要经历一些悲伤和焦虑。不幸和忧愁也会不时地朝我们袭来。如果这些负面的感受变得很强烈并持续几周或更长时间时，它们就会演变成真正的问题。如果此时，你虽然有些悲伤和焦虑，但仍有幸福、快乐、兴奋、爱和热情的感觉，那么你做得还不错。学会处理偶尔的悲伤或紧张情绪，对所有人来说都很重要。

然而，如果你长期受到很强烈的负面情绪困扰，就得考虑一下其他的方法了，譬如去寻求治疗或者社会帮助。下面的练习将指导你应对轻度和中度的悲伤和焦虑，并帮你判断自己是否需要更多的指导。

我的感受是什么？

也许，你会想知道自己所经历的焦虑或悲伤是否"正常"。这虽然没有绝对的标准，但其中一种方法是每天几次问问自己的感受。最简单的方法就是每天利用一两分钟的时间在手机备忘录上简要记下一些笔记。请从以下几个方面做记录：

1. 你的感受

2. 你当下的想法

3. 你的身体感觉如何

如果你的感受非常强烈，请一定要把这种感受记录下来。你可以用"+"来表示非常强烈的情绪。例如："+悲伤"的意思是"极度悲伤","＋失望"的意思是"非常失望"。连续记录四五天。

几天后，回过头来看看你记录下的内容。你一半以上的感受是积极正面的吗（包括快乐、兴奋和平静）？你情绪很强烈的时候多吗？如果发现自己的大部分情绪是消极和强烈的，请阅读本节最后一部分"我需要寻求更多的帮助吗？"

在确定了自己的感受后，我们就需要应对它。如果你常常感到轻微到中度的悲伤或焦虑，你或许需要运用一些技巧来让自己好过些。

其中一个好办法就是转变想法。这种方法在应对不至于影响正常生活的轻度焦虑或悲伤时尤为有效。如果你还能去上学，专心学习，交朋友，玩乐，但偶尔还是会感到担心或沮丧，这个方法很适合你。

例如：安妮有时会担心自己的朋友太少。有时她会认为："我是个不受欢迎的人。从来没有人邀请我出去玩。"在这种情况下，她要提醒自己这种想法并不完全正确。她要纠正这一想法并对自己说："我确实有几个很要好的朋友，他们干什么都会想到我。我想，每个人都会有被冷落的时候。"换一种方式思考，安妮就不会感到那么焦虑，也更能珍惜和朋友们的友谊。在与熟人交谈时，她也不再局促不安了，因为她不再那么在意别人对自己的评价了。

想法与奖励

改变想法和行为是另一种应对轻微程度的焦虑和悲伤的方法。下次在你感到悲伤或担心的时候，试着用下面的技巧稍微改变一下你的想法，看看这能不能使糟糕的感受更快消失。

提醒自己感受是会不断变化的。 试着在表述感受时加上"现在"或"这一刻"这一类的词。例如，把"我很担心"变成"这一刻，我很担心"。这会使你意识到你的情绪不会永远持续下去。

试着与自己的感受保持一定距离。 每当你有负面情绪时，请深呼吸。然后给自己的表述后面加上"并且我还在呼吸"这一类表达。例如："这太令人失望了，并且，我还在呼吸。"使用"并且"这个词会让你意识到，我们可以在同一时刻有多种感觉或知觉。深呼吸也能帮助你改变身体对当下感受的反应。

记住自己的长处。 在产生负面情绪时，如感到焦虑或悲伤时，提醒自己——我曾经成功地应对过类似的情况。例如："上次难过的时候，我给姐姐打电话，这对我很有帮助。""上次我也是这么担心，但最终还是睡着了。"这能使你意识到自己的确掌握了渡过难关所需的技能。

质疑消极的预想。如果你总是预想最坏的情况，就回想一下，在过去最坏的情况并没有真正发生。例如："上次我感觉每个人都在议论我，其实有几个人是在关心我，想帮助我，他们还问了我的感受。"这能让你对最坏的结果必然会发生的预想产生怀疑。

还有一个能让你克服轻度悲伤或焦虑的方法就是自我奖励。例如，在你不想面对某种情况时，就跟自己说，如果能正面处理它，就给自己一点奖励。下面举一些例子：

如果你很害怕向老师寻求额外的帮助，就跟自己说，如果能向老师求助，就奖励自己多花一些时间和朋友们出去玩。

如果你正在为上次田径训练的成绩感到沮丧，就慰劳自己在训练之后泡个澡放松一下——哪怕你的成绩并没有提高。

还有一种让你振奋精神勇往直前的方法是，无论结果如何都要奖励自己的努力。只要你努力了，就值得奖励！

改变自己的想法，并用奖励来自我激励是处理轻度悲伤或焦虑的好方法。此外，你还要学会与感受保持一定的距离，直到它们自然消失。你可以在努力改变自己的感受和让感受自行消失之间寻求平衡点。下面让我们看看珍是如何做到这一点的。

坚持高标准：珍的故事

十六岁的珍正在读高二，她从初中开始就一直参加田径队。她很希望能获得一所好大学的奖学金，然后像妈妈一样成为一名律师。她是个好学生，也很积极参加各种社团活动，但是珍给自己施加了很大的压力。例如：参加写作比赛失利了，她就会很失望。参加了学生会的竞选并顺利当选秘书长后她依然很失望，因为她本想成为学生会主席。

在大多数时间里，珍都挺想得开的。她会告诉自己："在同时尝试很多事情时，你不可能每件事都做到最好。"这样一想，她就豁然开朗了。但有时候，她仍难免对未来感到担心或失望。珍也意识到，因为她的自我要求很高，所以一定会有感到担心或难过的时候。

不做任何自我批判，而是觉察自己的感受，她顺利度过了许多艰难的时刻。珍很喜欢游泳，所以她会想象自己坐在救生员的椅子上，看着她的压力或失望的感受像海浪一样冲击着海岸，然后再渐渐退去。

下次感到无法转变自己的想法时，你也可以学习珍的做法，用这种视觉化的方法来处理烦心事。这样一来，你就能和自己的感受保持距离，从而减轻痛苦。下一个练习中，我们将探讨这种方法。

让想法滚动，驰骋，或融入其中

下次你感到难过或焦虑时，就试试下面的技巧吧。给自己的思绪一些时间和空间，而不是完全沉浸其中。

让想法滚动。 闭上眼睛，想象你的想法和感受就像发在社交媒体上的帖子一样。想象一下你正通过滚屏的方式阅读它们。然后，想象屏幕滚动到另一篇关于其他想法的帖子。哪怕你又回到最初的帖子也没关系。继续阅读它，直到它翻篇，直到你对它的内容不再感兴趣为止。

让想法自由驰骋。 想象自己正在驾驶一辆公共汽车。你坐在驾驶位上，透过前方的玻璃看到了写满你所有的想法和感受的广告牌正一个个离你远去。每当公交车减速或停下来时，你会有更强烈的感受。你知道车还会再次加速或启动，你也会有更多的经历。

让想法融入其中。 把消极情绪想象成蒲公英，在情绪发生的当下，它们就像是多余的杂草。但回过头来，当你从远处看向院子时，你会发现蒲公英夹杂在许多其他花花草草之中。那些繁茂的花草树木，代表着不同的感受，在院子里各自生长并交融。你再走近蒲公英，仔细观察它的外观，感受其触感和气味。如果你愿意，你也可以后退几步，看看它是如何融入院子的整体景象的。

每个人都感受过轻微的焦虑和悲伤情绪，但如果你正经历着更强烈的负面情绪，就必须在它累积到一定程度之前寻求支持和帮助。复原力并不意味着你永远不需要求助。恰恰相反，它意味着你必须知道何时需要寻求帮助。下文技巧 7 中的内容将更多地谈到社会支持，当你觉得自己可能患上了抑郁症或焦虑症时，你最好能从父母、老师或治疗师那里获得支持。本书最后的参考资料部分列出了你还可以从哪些渠道找到更多相关信息、热线电话和网站。

我需要寻求更多的帮助吗？

想要判断自己是否需要寻求更多帮助来应对抑郁或焦虑并非易事。回想一下你过去一个月的感受，如果以下任何一个问题你的回答是肯定的，你就应该考虑向父母、老师、治疗师或其他值得信任的成年人寻求帮助：

我一周有好几次难以入睡或无法入睡。

我正在与暴饮暴食或食欲不振做斗争。

很多时候我都会感到绝望。

焦虑使我无法做某些事情（例如：结识新朋友，按时完成任务，集中注意力）。

虽然我没有生病，却感到非常疲倦甚至精疲力尽。

我曾有过伤害自己或别人的想法。

如果最后一个问题，你的回答是"是"，请立即寻求帮助。请不要独自痛苦挣扎。如果不知道该找谁，本书后面的参考资料部分列出了几个你可以拨打的热线电话。

无论你处于人生中的哪个阶段，上面这些问题的答案对你而言都很重要。复原力强的人的一个特点就是把心理健康看得和身体健康同等重要。请每隔几周就花点时间问问自己上述的问题，看看自己感觉如何。如果你确实需要帮助，请不要害怕求助。

如果你正纠结于如何与一个值得信任的成年人谈论这些问题，可以考虑以下几种开场白：

你有时间吗，我想请你给我一些建议。

我最近遇到了一些麻烦＿＿＿＿＿（吃饭、睡觉，或其他你需要帮助的方面），我真的很需要你的帮助。

我担心压力会影响我的＿＿＿＿＿（注意力、工作、友谊、睡眠，或者任何你正在苦恼的事情）。我觉得无法独自面对这件事，需要一些建议。

我最近真的感到十分＿＿＿＿＿（担心、焦虑、沮丧、绝望，或者其他感受），我需要你的帮助。

如果你正与抑郁或焦虑做斗争，试着和别人谈谈，看看有什么资源可以加以利用。复原力强的人不会在艰难的时刻独自承受，你也不需要这样做。

本节回顾

尽管我们都希望自己永远没有消极情绪，但这并不现实。生活中，我们常常会感到紧张或悲伤。事实上，焦虑会让我们少冒风险（比如看都不看一眼就过马路），悲伤让我们和我们所爱之人紧密相连（因此，当他们不在身边时，我们会想念他们）。

复原力的关键在于认真对待心理健康。它既让我们学会了如何应对小事，也让我们明白了在有需要时，我们要勇敢地寻求帮助。

第三章

融入你周围的世界

融入你周围的世界

关注你的身体健康

复原力

探寻你人生的意义，
享受人生的乐趣

关注你的心理健康

技巧 7
建立安全的联结

岁月艰辛，我们很难仅仅依靠自己的力量生存。情绪低落时，我们都希望可以有人倾听我们内心的苦闷与忧愁。我们也希望可以有人与我们一起分享成功的喜悦与欢笑。建立和培养安全、可信的人际关系的能力是一种主要的复原力。形成和保持稳定的联结也被称为寻找社会支持。

社交的（韦氏辞典，2020h）
1. 涉及盟友或同盟。
2. 以朋友或同伴间愉快的友谊为特征。

支持（韦氏辞典，2020i）
1. 以有效或正确的方式支持或拥护。
2. 协助，帮助。

看到"社交的"和"支持"这两个词放在一起时——它们所描述的是那些能在你有需要的时候给予支持的人。社会支持可以保护你，从而帮助你度过艰辛岁月。许多研究表明，在焦虑或抑郁时，社会支持会助你改善心理健康状态。

甚至有证据表明，有良好社会支持的人晚年患心血管疾病的概率更低（Leigh-Hunt et al.，2017）。强大的社会支持网络不仅能改变你的人生观，从生理学的角度看它也能对你产生积极的影响。

以下是关于社会支持的两个关键事实：

与几十年前相比，现在的青少年很少花时间与他人进行面对面的社交，因此更容易感到孤独（Twenge, Spitzberg, & Campbell，2019）。

孤独感会影响睡眠质量和免疫系统，并使人有抑郁的风险（Cacioppo, Hawkley, & Thisted，2010；Pressman et al.，2005）。

青少年们太难了。你们可能会纠结什么时候应当向别人寻求帮助，什么时候要学会自己独立地处理事情。例如：即将考试了，你要不要告诉别人你的紧张与担忧？你该不该让父母帮忙申请大学？在你刚刚被分手了而精神萎靡时，你要不要去打扰别人呢？

我们所处的文化强调独立，但复原力强的人往往有可靠而强大的社会支持网络。复原力强的人知道如何独立地做事，但同时也知道何时该寻求帮助。

在本节我们将谈到如何发展这些技能。如果你能在顺境时建立起牢固的人际关系，那么在面临巨大压力时，你就会有个可靠的人际关系网络来帮你渡过难关。在此之前，你得先了解社会支持的类型——因为并非每个人都会给你同样的支持。

/ 社会支持有哪些类型？/

社会支持有很多种类（Uchino，2004）。

情感支持是指在你感到担心、悲伤、烦躁或生气时所需要的支持。能提供这种支持的人往往善于倾听，并且能够在非常时期展现出同情心。

工具性支持是指在你完成一件事时必不可少的支持。譬如，在你摔断腿的时候需要有人能送你去学校，或者在你生病的时候，需要朋友借你数学笔记。

信息支持是指在你想要了解更多信息时所需要的支持。在需要做决定时，你可能会去找那些能为你提供有用信息和资源的人；这些资源可以是书籍、网站、社区服务，也可以是个人经历。

陪伴支持是指那些给你带来快乐和归属感的人。

在不同的情景中，我们所需要的社会支持是不一样的。有些时候，我们需要一起玩乐的朋友，另一些时候，我们也许会想和善于倾听的人在一起。关键是要找到平衡。

沉迷于玩乐：安妮塔的故事

高一新生安妮塔是啦啦队的活跃分子，也很热爱舞蹈。她很受欢迎，经常参加派对。朋友们在一起时安妮塔很快乐，她们经常一起去逛街，看足球比赛，或者去电影院看电影。女孩们在一起时常常谈论各自喜欢的男孩和不喜欢的老师。安妮塔对这个小团体很有归属感。

然而，在父母决定离婚时，安妮塔很悲伤，开始对未来感到深深的焦虑。她很想找朋友们谈谈，但她意识到，由于她们通常是一大群人一起出去，几乎没有时间谈论比较严肃的话题。她还担心在和朋友们一起出去或者开派对时谈论自己的感受会破坏气氛。安妮塔意识到自己的社会支持网络主要是以陪伴为主，于是她决定寻找扩展或改变社会支持网络的方法。

在建立一个强大的社会支持网络之前，你先要弄清楚自己的生活中都有些什么人，以及你可能还需要什么其他类型的支持。安妮塔就在这上面花了些工夫，下面的练习将教你如何在生活中寻找支持。

列一份社会支持清单

在你做这个练习时，请先不要纠结于每个圆圈里的人数。别忘了，有时候，你只需要几个真正可以依靠的人。想一想，在生活中，有多少人可以给你支持（任何种类的都行）。在纸上做个简单的列表或画几个有重合的圆圈。你会发现，在生活中有些人会给你多种支持。下面是一个例子：

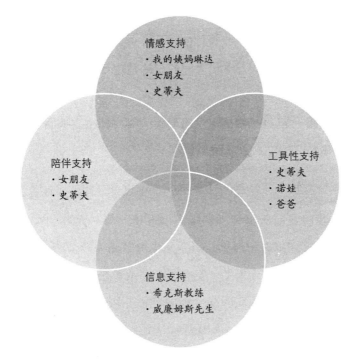

完成了这个练习以后，再问问自己以下的问题：

你觉得在这些圆圈里，每个圈里的人数都足够多吗？例如：在你需要帮忙时，你的工具性支持圈里的人够吗？假如你想倾诉烦恼，你的情感支持圈里的人够吗？如果你曾对自己没有得到足够的支持感到失望或不满，本章节将为你提供一些如何扩大圈子的建议。

　　有没有人反复地出现在不同的圆圈里？如果有，就太好了。你要好好维护这些关系。本章节也会提出一些关于如何培养相互支持关系的建议。

　　我能为朋友们提供怎样的支持？你想不想为自己所关心的人多做点事情呢？你们之间的支持是相互的吗？

　　现在你已经了解到自己需要扩大哪些社会支持圈了，下一步你要考虑如何扩大支持圈。

安妮塔扩展了社会支持网络

　　我们在前面提到了安妮塔的故事。与一大群朋友在一起，她感到很有归属感，但在父母离婚而需要情感支持时，她却不知道该向谁求助。安妮塔决定试着在加深与朋友们关系的同时尝试结识新朋友。她开始给几个朋友单独发信息聊天，不再仅仅是群聊。她还想弄清楚现在的朋友圈能否为她提供情感支持。她知道至少有两个朋友的父母也离婚了，所以他们可能会有共鸣。她还注意到，其中一个朋友很少在群里说话，但却总是鼓励和积极对待其他人。安妮塔决定给她发信息邀请她一起出去玩。

安妮塔还加入了学校里一个关于心理健康和压力管理的社团，这让她走出了舒适区。在几次深呼吸后，她向自己保证将至少参加几次社团活动。她还给自己发了一些鼓励的信息，写道："你很勇敢，你可以做到的。"第一次走进大门参加活动时，她就看着这条信息。

和安妮塔一样，在你确定了扩展哪些社会支持圈之后，你就需要计划一下接下来该做些什么。在我们开始正式讨论如何扩展人际关系网络之前，你也许会觉得尝试新事物是件可怕或令人沮丧的事情。一些常见的担忧包括：

如果告诉别人我的感受，他们却漠不关心，我该怎么办？

如果我向别人求助，但他们却不帮我，我该怎么办？

如果尝试了新事物，我却难以适应呢？

在扩大社会支持圈之前，你要先鼓励自己。尝试新事物确实不易。下面的练习里有一些鼓舞人心的话语，将有助于你结识新朋友，加深现有的关系，并尝试新事物。

激励自己

这个练习分为三个步骤。你需要用到手机（或某种计时器）和可在上面书写的东西（平板电脑、手机，或纸和笔）。

1. 计时 5 分钟。写下以下情境中所有阻碍你行动的想法：你想认识新的朋友时，你想对已经认识的人敞开心扉时，你想向别人寻求信息或帮助时，你想尝试新事物时……记住，要用完整的句子记录你的想法。例如：

人们会嘲笑我的。

我没资格加入那个社团。

朋友们会觉得我小题大做。

在计时器响起之前，不停地记录你的想法。

2. 接下来，再计时五分钟。对于刚刚写下的每一个想法，你都问问自己这是最坏的打算还是最有可能出现的情况。然后再写下每种情况下最有可能出现的结果和最好的结果。例如：

人们会嘲笑我的。

最坏的结果：是的。

最有可能的结果：他们会倾听并尽力帮我。有些人可能真的能帮得了我。

最好的结果：仅仅谈论这件事本身就会让我感觉变好了。

3. 现在，你已经知道了在这些情况下最有可能的和最好的结果了，把这些话写下来或者给自己发个信息吧。在你努力扩大社交圈时，这些话会给你带来动力。

现在你已经决定好了要扩大自己的圈子，并进行了一番心理建设了，是时候走出舒适区了。为自己的勇敢鼓掌吧。

建立良好的社会支持系统对你来说太重要了。它能让你在岁月静好时怡然自得，在岁月艰辛时也能安然若素。因为，这意味着你不必独自承受痛苦了。

在人生的艰难时刻，我们都需要别人的帮助，因此建立社会支持系统有益于我们的身心健康。下面的练习将为你建立一个合适的计划——以独特的方式扩大你的社会支持圈。记住，没有哪个方法能适合所有人。请尝试这些方法，并补充你自己独特的方法。

扩大你的社会支持圈（social support circle）

首先确定你想要扩大哪个支持圈（情感支持、工具支持、信息支持或陪伴支持），然后试试下面的这些方法。至少选择一个适合你的，给自己设个备忘录提醒自己并付诸行动。

情感支持

试着寻找能为你提供情感支持的人。你身边的人里，谁最善于倾听？谁总是在鼓励别人？试着和那个人谈谈或每周给他发一两次信息。一开始不要聊沉重的话题，你可以先聊些轻松随意的事，几周或几个月后，你再看看你们之间的关系有没有加深。

加入以情感支持为主题的社团或参加相关的活动。这类活动可以是线上的、校内的，也可以是社区的。例如：以心理健康、彩虹族（LGBTQ）支持、环境保护、同伴咨询为主题的社团或社区服务。通过参加这类活动，你可能会遇到有趣的且富有爱心的人，并扩大你的交际圈。如果觉得这些活动不在你的舒适区内，就试着写下一些鼓励自己的话，如："每个人都有加入新团队的时候。"

向成年人寻求支持。如果你需要得到更多的情感支持，而且你自身问题很严重——例如：受到霸凌，感到非常抑郁或焦虑，或者在其他方面受到了伤害——你可以向善于倾听的成年人求助，学校辅导员、值得信任的老师、教练或父母都可能为你提供帮助。能得到同龄人的支持固然好，但当情况变得严峻时，你的情感支持圈就需要有一位值得信任的成年人了。本书的参考资料部分也提供了有关专业支持的建议。

工具性支持

试着寻找乐于助人的人。留意一下，你身边的哪些人会自发地帮助他人。这些人可能会在学校的开放日或在图书馆做志愿者。他们也可能会组织糖果义卖会或学校舞会。在你需要帮忙时，就向他们求助吧。但是，要确保如果他们有需要，你同样愿意为他们伸出援手。

自发地帮助他人。想要获得更多帮助的其中一个办法是你先主动地帮助别人。试试日行一善吧。你可以主动地把课堂笔记借给因为生病而请假的朋友。在你开车/骑车去看比赛的路上，主动问问别人要不要搭便车。假如你能经常主动地帮助别人，在你需要帮助时就更有可能得到帮助。

信息支持

看看自己需要什么信息。在申请大学时，或者在想让自己变得更有条理时，你都可能需要帮助。只有明确了自己需要什么信息，你才可能更容易地确定该向谁寻求帮助。

寻找人生导师。你的辅导员、父母、老师或教练都可以给你提供信息和资源。你也可以问问那些年龄相仿也有过类似情况的人。此外，你还可以在网上寻找对类似话题感兴趣的人，譬如说社交媒体上的各种社群。给你有意向的人生导师发个类似这样的邮件或信息吧："我发现你很了解这个话题，想要和你多交流交流。"

陪伴支持

留意能和你一起玩乐的人。想一想，你最喜欢和谁在一起，谁能让你笑？尽管所有的关系都会经历起伏，但这一类人通常是比较容易相处的。试着约请一两个人，和他们一起进行一些轻松愉快的活动，比如看电影或喝咖啡。如果你在一群人当中感觉更自在，你可以考虑多参加聚会，和更多的朋友一起出去玩。

多参加你喜欢的活动。这些活动可以是运动、游戏或其他爱好。在你的社区或学校找一些非竞争性的活动，保证自己每星期至少参加三次。这足以让你摆脱最初的担忧，并看看自己是否真的能乐在其中。

接下来，你可以花几周到几个月的时间，看看自己能不能扩大社会支持圈。每周都思考一下，你是想再尝试一些新的东西，还是继续发展这些新爱好。

/ 良好关系的重要性 /

在进行这些练习时，你也许会发现有的人在你的支持圈中扮演着重要角色。他们能为你提供一些支持，例如：在公共汽车晚点的时候，你的邻居会让你搭他的车；失落的时候，你最好的朋友总能听你倾诉。此外，有些人还可能会在你的生活中提供多种支持，例如：当你申请大学奖学金时，你的叔叔能为你提供许多重要信息，他还总是能让你哈哈大笑，他从未缺席过你的棒球训练。

有时，我们会忘记要花些心思来维护这些关系。复原力强的人会珍惜并感恩这些关系。在你遇到困难的时候，这些人是最可能为你提供帮助的。因此，你必须认清谁是这样的人，这对你而言很重要。

对你的"全明星"表示感激

　　首先，你要想一想哪些人总是能让你依靠。他们也许能在某个方面为你带来很多支持，也可能在许多方面为你提供支持。看看下面的建议，有需要的话，你还可以再多补充几点。每月一次，尽可能地对他们表达你的感激之情：

　　你可以给他们发电子邮件、短信或寄卡片，告诉他们，他们对你有多重要。

　　你可以给他们送个小礼物，也可以把礼物放在他们家门口。附上一张纸条，写下为什么要给他们送这份礼物。

　　你可以给他们写张便条，列出三件你认为他们做得很棒的事。

　　主动地为他们做些什么，比如你可以帮他们铲雪或打扫房间。

　　能让人们感到被关爱和被欣赏是件很重要的事。为自己所关心的人做点好事也能让你的心情变好。同时，你也会发现生活中有些人并不能为你提供支持。明白如何管理这些关系同样重要。

/ 处理与那些不支持你的，甚至会伤害或虐待你的人之间的关系 /

　　人际关系并不总是完美的。人们有时候会发生争吵、会伤害彼此的感情，或者有时会互相激怒，这都很正常。认真审视自己的人际关系，你也许会发现有些人对你的身心健康没有什么好处。

有些人际关系不能为你提供任何支持：在你遇到困难时向他们求助，他们也不会帮你；哪怕你不停地做出游计划或提出游建议，他们也不会抽出时间和你一起出去。

有些人际关系甚至会让你受到伤害——这些关系包括那些常常让你觉得自己很糟糕的人（注意：是常常，偶尔一次的不算）。这种人从来没真正关心过你的利益，他们也许会贬低你，或者四处传播关于你的谣言。跟他们在一起时，你常常会感到羞愧或产生自我怀疑。

还有些关系是虐待型的——这包括那些会对你进行身体虐待或性虐待的人，又或者是对你进行言语上的威胁或欺凌的人。你值得被尊重。想要弄清楚如何处理这类关系并非易事，但本节的最后一部分将为你提供一些建议和指导。

不健康的控制：玛丽莎的案例

17岁的玛丽莎是一名高二学生。她和男朋友威尔已经交往一年多了。第一次见面时，威尔对玛丽莎的关注使她受宠若惊。威尔是足球队的明星球员，而且他的朋友们很快就接受她了。玛丽莎不再需要烦恼周末该去干点什么，因为周末她一般会去跟威尔约会或参加派对，她很喜欢这种状态。

然而，慢慢地，威尔的占有欲和嫉妒心越来越强。他坚持要看玛丽莎手机上的信息。他还对她说，如果爱他，就应该告诉他所有的密码。威尔的朋友开始散布关于玛丽莎在性方面的谣言，他们还经常在网上对她做出下流的评论。

一开始，玛丽莎加倍对威尔和他的朋友们好，她想要通过这种方式解决问题。但是，情况显然没得到改善。她渐渐意识到威尔并没能让自己感到被爱；这段关系让她觉得自己一文不值。玛丽莎决定要改变这个局面，但却不知如何去做。

玛丽莎和男友的关系是否让你觉得似曾相识？也许你或你的朋友们都曾碰到过类似的事情。你也许会惊讶地发现，玛丽莎和威尔正处于一段虐待关系中。威尔虽然没有打她，但他对她进行的是精神虐待。和身体虐待一样，精神虐待也会对人造成损伤和伤害。此外，他的朋友们也成了帮凶，他们一起创造了一个充斥着网络暴力和骚扰的残酷环境。玛丽莎很明智，她想到要改变自己的处境。

虐待关系不仅会对你造成短期伤害，而且从长远来看，还会增加你患抑郁症、焦虑症甚至引发身体健康问题的风险。如果发现自己身处一段不支持你的、有害的或虐待的关系中，你就需要尝试各种策略来远离这些关系。下面的练习也许能为你提供一些建议。

摒弃不健康的关系

闭上眼睛，呼吸，想象你生活中出现的人。问自己以下问题：

在我的生活中，有哪些人是反复无常的？有没有哪些人，无论我处在顺境还是逆境，都不会出现在我身边？

这样的关系也许是非支持型的关系。

如果你正在经历着这样的关系，试着慢慢地脱离：

尽量不要马上接这些人的电话或回复他们的信息。

回答要简短。

拒绝和他们单独接触。

如果在集体环境中遇到他们，请不要和他们聊私人话题，礼貌地泛泛而谈即可。

在生活中，有没有人总是让我觉得自己很糟糕？他们有没有贬低我，说我的闲话，或者让我感到不自信？

这样的关系可能是有伤害性的。

如果你正在经历着这样的关系，试着把自尊放在首位。

尽量不主动和这样的人互动。

如果你不得不和他们交流（例如：如果他们的地位比你高），就为自己写下一些鼓励的话。例如："我不该觉得自己很糟糕。""我不该被他们的谣言中伤。"

如果可以的话，让那些人知道自己的所作所为对你的影响。找一个朋友或值得信任的成年人陪同，这样你就不必独自面对他们。例如，你可以对他们说："我不想和到处说闲话的人在一起。"如果他们因此而尝试改变自己的行为，你也许可以再给他们一个机会。然而，如果他们总是故伎重演（例如：继续说你闲话或贬低你），你就要考虑疏远他们了（参见上面提到的策略）。

在生活中，有没有人曾经对我实施过身体虐待、精神虐待或性虐待？有没有人对我造成过身体损伤，或者威胁要伤害我，或者不断恐吓或贬低我？

这样的关系是虐待关系。

如果你正在经历着虐待关系：

请不要独自承受。总会有人能帮助你的。

向值得信任的成年人寻求帮助。可以找你的老师、教练或辅导员，也可以找朋友的父母、邻居、社区中心或教会里的人。

本书的参考资料部分还列出了其他你可以寻求帮助的地方。你不是一个人在战斗。

在审视了自己的人际关系，并确定哪些人是不能为你提供支持，或者会伤害你，甚至会虐待你之后，你就可以根据自身情况制定计划，处理这些关系。在上文的案例中，玛丽莎想和她的男朋友分手，但她担心，如果她离开他，情况会升级，他的朋友们会对她进一步使用网络暴力。

在涉及身体或精神虐待时，你必须得找一个值得信赖的成年人来帮助你安全地处理这类问题。玛丽莎很明智，她知道无法独自应对，因此联系了学校的辅导员。辅导员曾接受过培训，知道如何帮助青少年应对恋爱暴力的问题。辅导员让玛丽莎和威尔的父母都参与进来，共同计划如何结束这段关系，没有任何人因此而受到伤害。玛丽莎还找了当地的一位治疗师进行咨询和治疗，谈论她对结束这段关系的难过和困惑。长远来看，这些支持都有利于玛丽莎建立复原力。如果能谈论当下的感受，在将来她才会更容易建立起健康的友谊和人际关系。

社会支持总是在不断变化，你需要做好计划

寻找能给予你支持的人是一件长期的事情。无论你是想要找人谈一谈，请人帮个忙，还是需要他人为你提供信息，或者找人一同玩乐，你都得不断地寻找。人际关系总是在变化。有时候，原本和你很亲近的人，可能由于生活发生了改变，慢慢地他们就渐行渐远了。你的好朋友可能会变得很忙，不能再像以前那样支持你了。常常帮你忙的邻居也可能会搬家。过去能很好地指引你、启发你的教练也可能会跳槽到另一所学校。

复原力强的人会用心地维护自己的社会支持网络，但他们也深知这些网络可能会随着时间推移而改变。因此，你需要定期复盘。至少一年一次（如果你愿意，也可以加大频率），问问自己，你的社会支持圈里都有谁，你需不需要做些什么来改善你们之间的关系。

此外，在你可能需要得到更多支持的时候，你要提前做好计划，先想清楚自己需要怎样的支持，然后再试着去寻求帮助。例如：你预计在即将到来的新学期里，五月份的日程将会被排球训练和期末考试所排满。你就可以问问妈妈能不能在五月份的每个周末帮你洗衣服；你也可以邀请朋友们在五月份的每个周六都去看一场有趣的电影来舒缓压力。

选择和能善待你的人在一起，当然，你也要回报他们的善意。能维护好人际关系是很重要的复原力技巧，因为我们每个人都会有需要得到支持和帮助的时候，在这些时候，家人朋友们可以安慰和陪伴我们，帮我们渡过难关。

本节回顾

岁月漫长，谁都无法仅凭一己之力度过艰难时刻。人是社会性动物，天生就需要相互联结。联结的形式有很多，有时候我们需要与他人深入地交谈，有时候仅需一个举手之劳。有时候我们需要有人指引，给予我们信息，有时候我们却只是想和朋友们出去玩乐。

维护好这些社会支持圈非常重要。如果你需要扩大自己的支持圈，就多去尝试新事物吧。最后，请珍惜那些能支持你的人，放弃那些不健康的人际关系。维护好人际关系有助于你更好地享受日常生活，也会帮助你面对压力。良好的人际关系就像黄金一样珍贵。

技巧 8
积极应对，抓住好机遇

我们如果一直待在舒适区里，生活就会失去乐趣。想要尝试新事物乃人之常情，如结识新朋友，尝试不同的活动，甚至想要冒险等，这对我们而言也大有裨益。谁都不希望日复一日地过着重复的生活。如果生活毫无新意，你可能会感到无聊，也可能会情绪低落或沮丧，又或者会担心自己错过了什么有趣的东西。越是避免接触新事物，在不得不进行新尝试时，你就越容易紧张。于是，你陷入了自我怀疑。

你应该看出来这是个恶性循环了吧。虽然待在舒适区能让你免受焦虑、失望或被拒绝的困扰，但这也意味着你会错过一些让你乐在其中的新体验！

积极应对是一项重要的复原力技巧。这意味着你在经过了深思熟虑后，能在冒险和有计划之间寻找平衡。

积极的（韦氏词典，2020a）

1. 以行动为主要特征，而不是以沉思或思考为主要特征。

2. 产生或涉及动作或运动的。

应对（韦氏词典，2020c）

1. 处理或尝试解决问题和克服困难。

积极应对代表着以健康的、灵活的方式来处理问题。积极应对可以让你在问题变得难以应付之前，以简单易行的行动来解决问题。如果某件事情让你感到焦虑，你可以未雨绸缪，使用积极应对的方法来提前做好计划和准备。

/ 逃避为何不管用？ /

在生活中遇到问题时，我们的确很想选择逃避。譬如说，你很担心西班牙语课的成绩，但却不想给老师发邮件问问题。你越是拖着不想向老师请教，你的成绩就会越差。你的成绩越差，你就越不敢和老师交谈。回避问题会演变成恶性循环，你发现了吗？

譬如你想参加辩论队的选拔，但很怕自己会落选，所以就索性不参加了，因为你不想面对落选带来的失望。几个星期后，你决定尝试一项新活动——唱歌。面对合唱团的选拔，你感到压力很大——因为你缺乏成功克服紧张情绪的经验。于是，你开始相信自己是个无法进行新尝试的人，这导致了另一个恶性循环。

好消息是，我们完全可以跳出这个恶性循环。我们还有许多选择，可以以健康、安全、可行的方式尝试新事物。这种方法称为系统脱敏（systematic desensitization），是个能帮助我们学会把握机会的重要方法。

/ 系统脱敏 /

回想一下我们学游泳的过程。一般情况下，我们要学很多步骤，我们得先熟悉水，再学习如何漂浮，然后练习协调手脚的动作，最后再配合换气。但我们也常听到，有些人第一次学游泳就被扔进了游泳池的深水区。他们因此而学会游泳了吗？可能没有。这只会让我们对游泳心生恐惧。这种做法与系统性脱敏刚好相反。

更好的做法是循序渐进地适应水。下面是一些关于冒险和尝试新事物的关键事实：

在冒险和尝试新事物时，我们需要做好计划，考虑后果，循序渐进。

系统性脱敏是指在可控制的范围内，通过小步骤来逐渐面对我们所害怕的东西的过程（Head & Gross，2009）。

在尝试进行系统性脱敏时，我们还可以使用呼吸和放松的技巧来缓解焦虑感。

下面让我们来看看，在一次意外事故中痛失爱犬的本在生活中是如何运用这个方法的。

克服创伤：本的故事

14岁的本刚上高中。有一天，他在一个交通繁忙的十字路口附近遛狗。本一向很小心地注意避让车流。然而，就在这一天，一辆汽车突然不知从哪儿冲了出来。鬼使神差地，本突然松开了牵着狗绳的手。他都还没反应过来，就看见自己的狗被车撞了。

在爱犬死后，本沉浸在悲伤里。后来，他的家人决定从当地的收容所重新领养一只狗。一开始，本非常害怕遛狗。他担心自己无法保护好这只新领养的小狗。

他决定使用系统脱敏疗法来克服这个问题。他列了一个清单，把遛狗这件事拆分为许多小步骤，再逐步增加难度，最终完成遛狗这一挑战。第一步，把小狗带到后院。第二步，带着狗走人行道，但不过马路。第三步，散步到附近的一个公园。最后一步，去繁忙的十字路口过马路。

在感到十分焦虑时，本会通过深呼吸让自己冷静下来。慢慢地，他能够面对自己的恐惧了。一个月后，他已经能牵着这只小狗长时间地散步了，后来，他甚至能轻轻松松地享受遛狗的时光了。

本并没有要求自己要立马克服内心的恐惧，而是循序渐进地去克服。你也可以使用系统脱敏的方法来让自己慢慢面对一直在逃避的事情。

逐渐面对恐惧

想一想，有没有哪些事情是由于你畏惧可能的结果而一直想要逃避的呢？任何事情都可以。例如：害怕参加戏剧角色的试镜，害怕给喜欢的人发信息，害怕平行停车，或者害怕申请一所你可能考不上的大学。根据你焦虑程度的不同，把这些大挑战拆分成几个小步骤。根据实际情况的需要，你可以把这个过程拆分成任意多的步骤。

举个例子：

○ 参加戏剧角色的试镜——焦虑等级 10 级

○ 和一个不太熟的人一起练台词，还有陌生人看着我们——焦虑等级 9 级

○ 在礼堂里和朋友一起练台词，还有陌生人看着我们——焦虑等级 8 级

○ 在礼堂里和朋友一起排练，有几个朋友在看着我们——焦虑等级 6 级

○ 和朋友一起排练——焦虑等级 4 级

○ 在妈妈和姐姐面前念独白——焦虑等级 3 级

○ 独自一人念独白——焦虑等级 1 级

你可以从创建自己的清单着手，先写下大挑战，再把它分解成小步骤。一定要从最低程度的焦虑开始，然后逐步增加难度。如果最初的一步已经让你感觉难以承受，就试着把它再进一步分解。列好了清单，你就可以开始了。选择焦虑等级最轻的一步，然后试一试。按照你自己的节奏完成清单上的所有任务（从焦虑程度最轻的任务开始，慢慢挑战焦虑等级更高的任务）。下面这些提示也许对你有用：

缓慢地吸气、呼气使身体平静下来。你会发现自己的心率在降低，肌肉也不再感到那么紧张。

在开始之前，请先评估一下自己的焦虑等级，在步骤完成后再给焦虑等级打分。理想情况下，你的焦虑等级应该在步骤完成后有所下降。

如果在尝试某个步骤时，你的焦虑等级突然升高，请试着一边深呼吸一边与焦虑感和平共处，直到焦虑感慢慢下降。

如果感到十分焦虑，你可能需要多次尝试同样的步骤。当某一步变得容易时，你就要向更高难度的步骤发起挑战了。

如果你觉得焦虑等级还是太高，就试着进一步分解这个步骤。

别把自己逼得太紧，只要一直努力尝试就好。哪怕你需要花几天、几周甚至几个月的时间才能完成清单上的一些步骤，也不要担心。

在应对让你难以承受的重大挑战时，系统脱敏是一种很管用的方法。请记住，水滴石穿，哪怕是最微小的行动也会随着时间累积慢慢发挥作用的。所以，即使你觉得可能要花很长时间才能完全应对挑战，也要提醒自己，每走一步，你都离目标更接近了。

/ 应对失望 /

此外，要想把握好机会，我们就必须得接受一个事实——世事并不总能尽如人意。你参加了选拔，但也许会落选；你喜欢的人也许对你没兴趣。复原力强的人也会经历受伤和失望——每个人都会。但是他们会想办法让自己不被这些情绪压倒，不影响自己的长期表现。坚定自己的长期目标可以让你更好地面对被拒绝或失望等消极情绪，让你不会感到崩溃。让我们来看看在申请奖学金时，失望的情绪是如何影响克里斯（Chris）的。

习惯被拒：克里斯的故事

克里斯是一名 18 岁的高三学生。他和妈妈一起生活，他的妈妈需要打两份工来养活克里斯和他的两个弟弟。放学后克里斯会去当地的杂货店打工，能为家庭做贡献他感到很高兴。他的成绩不错，他非常希望能获得一笔丰厚的奖学金来支付大部分的大学学费。

他向几家基金会和大学申请了奖学金，却频频被拒。尽管这些拒信的语气充满了赞许和鼓励，但读到这些信，他依然感到很难过、很失望。尽管如此，他还是设法把注意力放在长远目标上——他只需要获得一笔大额奖学金，或几笔小额奖学金就可以了。他不断提醒自己，影响决定的因素有很多，这些拒绝并非针对他个人。

后来，克里斯从一个基金会获得了一笔奖学金，足以支付社区大学的大部分学费。克里斯又来到当地的四年制大学，并与招生办公室的人员交谈——他们很欣赏克里斯从那个基金会拿到了奖学金，为了招揽克里斯入读，他们甚至为他提供了更高额的奖学金。在频频失望后，克里斯依旧没有放弃，正是他的坚持使他进入了理想的大学。

克里斯的故事告诉我们，把目光放在长期目标和价值观上有助于我们在失望时还能够继续坚持，这也是克里斯最终能达成目标的一个主要原因。在你决定走出舒适区时，要提醒自己这些机会对你来说有多么的重要。它们是如何影响你的长期目标的？它们与你的自我评价有什么关系吗？下面的练习将会帮助你了解自己的深层次目标和价值观，避免与良机失之交臂。

对我来说，什么最重要？

请抽出半个小时的时间，思考以下的问题：

1. 在未来一年里，有什么事是我想要实现的，或者我想要更多地参与其中的？

例如：我想要每个科目都取得 A 或 B 的成绩。

2. 假如整整一个月，我都不能见任何人，我会最想念哪些人呢？哪些关系对我来说是最重要的？

例如：我最好的朋友和我爸爸。

3. 如果我不在场，我的朋友和家人们会如何评价我？我希望他们用什么词来形容我？

例如：勤奋、执着、有趣、聪明。

现在，根据自己的个性和喜好，想办法展现这些价值观。无论是平铺直叙地写出来，还是用艺术的方法去展现都可以。下面列出一些建议，如果你有更好的方法，请随意尝试：

做一幅拼贴画。这幅画要包含你的目标、重要人际关系，以及你所重视的品格。

创建一个电子表格或写下明年的目标清单。你可以使用不同的颜色代表不同的目标（如红色代表个人目标、绿色代表学业、蓝色代表人际关系、黄色代表娱乐，等等）。

　　写一首诗，描述你的目标、人际关系和个人特点。

　　画一幅画，画出能代表你想法的东西。

　　创作一首歌或一段舞蹈来展现你的目标和价值观。

　　在创作好了能代表你长期目标和价值观的东西后，把它放在显眼的地方。尤其是在你面临新挑战或想尝试新事物而感到惴惴不安的时候，问问自己，这些东西符合你的整体价值观吗？

　　学会坦然面对伤害和失望是抓住机遇、勇于冒险的另一个重要方面。你既然决定了要去冒险，就必然会有感到失望或沮丧的时候，这很正常。学会在跌倒后重新站起来，而不让负面情绪左右你，也是复原力的一部分。

　　处理消极情绪的好办法就是接纳这些情绪，同时给自己一些鼓励。其中一个好办法是接纳自己对当下情绪的反应，但不要让它影响你下次的行动。下面的练习能为你提供一些具体建议。

如何面对失望或失败

　　准备好纸和笔，用笔记本电脑或手机也可以。回想一下上一次事与愿违时的情景，用几句话描述一下这件事。

例：我给喜欢的人发短信，但他没有回复我。

1. 问自己以下问题：

我的情绪反应是什么？例如：我感到尴尬，也很难过。

接下来，我做了什么？例如：我没有告诉任何人这件事。我觉得自己太傻了。

接下来，我想做什么（如果是我的朋友碰到了类似情况，我会给他怎样的建议）？例如：我想去找朋友寻求安慰和支持。

2. 使用"此外"这个词来描述你的感受，以及在将来如果还碰到类似的情况，你可能会如何处理。

例如：下次如果我喜欢的人还是不喜欢我，我可能还会生气，此外，如果能和朋友聊聊我就不会感到那么孤独了。他们或许能理解我的感受。

拥有复原力，并不代表你能在面对困难或失望时内心毫无波澜，而是意味着你能够接纳这些情绪，并且能明智地判断下一步该怎样做。在遇到困难时，你可以设想一下，如果是你的朋友遇到这种情况，你会给他怎样的建议。这能让你换个角度看待问题。我们常常对自己很苛刻，但假如事情是发生在我们关心的人身上，我们往往能够给出好建议。试着和自己做朋友，接纳自己的情绪，给自己积极前进的动力。

在学会了系统脱敏，确定了自己的价值观和长远目标，并找到了应对失望的方法后，你需要弄清楚一个问题：对你而言，哪些机会是难得的良机，哪些机会是在铤而走险？想要弄清楚什么样的机会值得尝试，什么样的机会可能会让你受到伤害，这可不是件简单的事。

/ 未雨绸缪——为应对危险情况提前做好准备 /

抓住良机，如积极参加选拔、努力取得好成绩、结交新朋友或谈恋爱等，固然重要。但有时，你也可能会质疑一些事情是否真的值得一试，尤其是在可能会伤害身体的情况下，譬如说，去参加一个可能有人会喝酒或吸大麻的派对，或者坐不太适合开车的人所开的车。

大脑中有两个部分会影响我们做决策（Linehan，1993）。感性思维决定我们对事物的感觉。例如：你一想到要去参加一个能喝酒的派对就会感到既兴奋又紧张。理性思维负责某一情境中的客观事实。理性思维可能会告诉你不要去参加这个派对，因为你可能会违反原则。

理性思维和感性思维结合在一起能形成一种直觉，引导你做出最好的选择，这就是所谓的明智的头脑（Linehan，1993）。在这种情况下，明智的头脑会告诉你，你可以去参加聚会，但得和朋友们提前说好，不坐喝了酒的人开的车。

明智的头脑还会帮你计划好应该喝多少酒，还会建议你提前告诉父母，你不会坐喝了酒的人所开的车，并告诉他们如果有需要，你会给他们打电话。

明智的头脑在决策的过程中扮演着重要的角色，它能帮助你把感性思考和理性的利弊分析结合起来，从中找到折中的办法（Linehan，1993）。明智的头脑能使你做出最佳决定，并尽一切可能来保证安全、健康。下面的练习有助于发展你明智的头脑。

为防范更大的风险做好准备

准备好纸和笔，用笔记本电脑或手机也可以。回想一下你过去遇到过哪些风险，或者你所知道的其他人的经历，例如：和我关系要好的朋友经常在网上发会冒犯别人的笑话，类似这些有可能会影响身心安全的情景。

1. 回想你当时的感受。用一个词或短语来形容你的感受，并把它记录下来。例如：紧张；因为能参与其中而感到兴奋；对自己很失望。

2. 明确你的理性思维在想什么。这些想法常常以句子的形式呈现。例如：你也许会被发现的；如果没人受到伤害，这是件很好玩的事。

3. 深呼吸几次，想一下你明智的头脑在将理性和感性结合之后形成的折中办法。例如：这可能会冒犯一些人，而且从长远来看，做这件事情并不值得。

4.在确定了明智的头脑在当时情况下的想法后，问问自己该怎么办。例如：如果他们以后还继续在网上发让我感到不舒服的内容，我就回家。假如他们发的内容非常糟糕，我就把它拿给辅导员看。

开发你明智的头脑需要大量地练习，如果你在练习过程中花费了比较多时间的话，也不要气馁。无论你平时是喜欢以感性做决定，还是偏爱理性思考，要做到把感性和理性相结合，是需要花费一些时间和精力的。你必须既关注感性又关注理性，才能找到让两者相结合的方法。尝试得越多，它就会变得越容易。通过练习，你就会发现，在面对一个不确定的危险情况时，你可以在顾及自身安全的同时充分调动各种支持资源来做出最优决策，还能乐在其中。

本节回顾

面对挑战，逃避是没有用的。如果你的生活中充满了挑战，就尝试着将这些障碍分解成更小的、可控的步骤吧——这就是系统脱敏。此外，每个人都会有失望的时候，因此学会面对失望是复原力的重要内容。

你要学会运用明智的头脑去抓住良机。回顾过去遇到挑战时的经历，从中吸取教训，在未来遇到类似情境时你就能轻松应对了。请谨记，长期目标和价值观可以指引你前行。你拥有你所珍视的东西、你所关心的人，以及你所重视的品质。在做决定和进行适度冒险时，请永远记住，你的那些目标和价值观，无论是现在还是将来，都会引领你面对生活中的挑战。

第四章

探寻你人生的意义，
享受人生的乐趣

融入你周围的世界

关注你的身体健康

复原力

探寻你人生的意义，
享受人生的乐趣

关注你的心理健康

技巧 9
认知灵活性与现实乐观主义

有这样一个故事：从前有一个园丁打理门前的大草坪。刚开始的时候，草坪青翠而茂盛，但一段时间过后，院子里的蒲公英就开始萌芽了。起初，园丁把蒲公英的嫩芽一一摘除，但它们依然层出不穷。于是，他改用除草剂，但这不仅杀死了蒲公英，还杀死了草坪草，而且没过多久，蒲公英又冒出来了。于是，园丁决定把每一棵蒲公英连根拔起，这么做似乎有点效果，这一年草坪上再也没冒出过新的蒲公英了。然而，第二年春天，更多的蒲公英嫩芽又从地里破土而出，这让他大为光火。

园丁感到很无奈，他想了想，觉得这些蒲公英的种子可能是从邻居那边的草坪飘过来的，于是他又让邻居们也都把蒲公英摘掉。然而，一切都是徒劳——蒲公英依然不断地萌芽。他沮丧极了，跑去向镇上经验最丰富的园艺大师请教。大师对他说："先生，有时候你必须学会去爱那些蒲公英。"（Nhat Hanh，2010）

这个故事告诉我们，每个人都会遇到困难和障碍。困难虽不可避免，但是我们可以转变自己的心态。很显然，故事里的园丁把蒲公英视为杂草，于是想尽一切办法想要去除它们。然而，换个角度想，他大可以把蒲公英视为草坪上的点缀。

本章将探讨认知灵活性和现实乐观主义这两个概念，故事中的园艺大师正是运用了这两个概念来开解园丁。我们还将探讨这两个概念与复原力之间的关系。

/ 认知灵活性 /

认知灵活性是指从不同角度审视某个情况的能力。虽然很多人都认为局面只有好坏之分，但事实并非如此。譬如说，你在足球训练时骨折了，而不得不在家休息几个星期。虽然这是一个很大的挫折，但你却可以利用这段休息时间来完成之前没时间做的学业项目。大多数时候，我们可以从多个角度看待问题。在你感到压力特别大的时候，这个技巧尤为有效。

认知的（韦氏词典，2020b）

1. 涉及有意识的智力活动（如思考、推理或记忆），或与其有关。

2. 基于或能够归结为事实的知识。

灵活性（韦氏词典，2020d）

1. 柔韧性，弹性。
2. 具有适应新的、不同的或不断变化的需求的能力。

在面对巨大压力时，认知灵活性有助于我们克服困难。以一成不变的方式看待问题会让你陷入困境。如果无法找到其他的解决方案，你可能就会因此而一直把注意力放在自己的问题有多么严重上。慢慢地，你甚至会觉得解决问题的方法只有一个。认知灵活性能使你从多个角度看待问题，继而感到自己有了更多的选择权。

在问题得以解决后，认知灵活性还会为你提供一些新视角。它能使你明白困境是如何帮助你成长的，以及你从逆境中学到了些什么。从不同的角度看待事物还能改善你的感受，你不再感到沮丧无助，而是满怀信心地面对未来的挑战。遇到困难时，请先问问自己以下的问题：

导致这个问题的原因是什么？

我该如何解决这个问题？

如果我把这个问题告诉朋友或导师，他们会跟我说些什么？

还有没有别的视角看待这个问题？

还有其他可行的解决方案吗？我都有哪些选择？

当前的困境中，有什么积极的方面或对我有好处的地方吗? 哪怕是微小的好处也行。

在当前的情况下, 还有什么是值得我感恩的呢?

认知灵活性能帮助你从不同的角度来看待困难。例如:

最初的想法	换个角度去看
真不敢相信, 我居然不及格。	借此机会, 我可以想想以后怎么做才能提高学习效率。
我想她 (这个朋友) 大概是在生我的气。	她今天可能心情不好吧, 我得问问她怎么回事。
我居然摔断腿了, 整个赛季都不能参赛, 这不公平!	虽然这很不公平, 但我却因此而有了更多空闲时间。我终于有时间尝试一下早就想干的事了, 比如说摄影。
我太难了! (要应对这个情况太难了!)	这是个好机会, 刚好能让我了解自己的实力。
那真是太糟糕了!	我的朋友能挺身而出帮助我, 实在太感谢他了!

无论是小挫折还是大挑战, 你都可以运用认知灵活性来应对。认知灵活性能帮你在压力之下解决问题, 当形势变得严峻时, 它还能使你保持冷静。让我们来看看艾娃 (Ava) 的故事, 她因病请假在家休息了一段时间, 现在正要重返校园。

认知灵活性与短期压力: 艾娃的故事

艾娃是一名 17 岁的高中生。她一心想要考一所好大学,不仅学习非常努力，还参加了很多社团活动。然而，在高二下学期时，她得了一场流感，缺课将近两周。她病得太严重了，无法做家庭作业，也无法按照原定学习计划备考大学预修考试和大学入学考试。

重返校园时，艾娃感到极度焦虑。她认为自己不可能追赶上进度了。然而，艾娃意识到自己无法改变得了流感这一既定事实。她也知道自己身体实在太虚弱了，无法加倍努力学习，过多的压力只会让她的身体状况雪上加霜。

艾娃知道自己最好的选择是放眼未来，她制定了一个现实可行的计划。她单独找每一位老师，了解自己落下了哪些重要课程内容。艾娃和老师们一起制定了一个详细的学习计划，按照计划她下个月就能赶上学期进度了。她还把主要精力放在完成最重要的任务上。

尽管艾娃还在为生病请假一事感到沮丧，但她也借此机会联系了老师们，更好地了解了他们，并制定了一个具体的计划来赶上进度，她为此感到很自豪。她意识到自己并没有必要按既定的顺序完成每一项作业。认知灵活性帮助她解决了追赶学业进度这个问题，并在迎接挑战中获得收获。在遇到挫折或障碍时，你要没要换个角度去看待它们呢？

换个角度思考不仅有助于你应对短期的压力，还能帮你应对长期的、更严重的挫折。认知灵活性可以促使人们在受到创伤后成长——在困境中获得寻找积极意义的能力。接下来，让我们一起看看，如果遭到更大的打击乃至重创，认知灵活性将起到何种作用。在下面这个例子中，主人公的家人罹患了重病。

家庭成员患上了癌症：马克的故事

15岁的马克是个高二学生，他与妈妈、弟弟一起生活。他的父母离婚了，他爸爸的住所距他们家有好几个小时的车程。自从父母离婚后，马克不得不承担更多的家庭责任。

马克的妈妈最近被诊断出患上了乳腺癌。不幸中的万幸是，医生认为她的预后良好，但在她接受化疗的日子依然很难熬。马克很担心她的健康，看到她备受痛苦折磨，他心里也很难过。他再也不能像往常那样经常去朋友家玩了，因为他妈妈太虚弱了，无法开车送他去。他每天都在照顾弟弟和妈妈。马克很怀念过去的生活，同时又对自己的想法心生愧疚。有时，他会想不通为什么这些不幸会发生在自己的家人身上，并为这一切的不公感到愤怒。

马克的许多朋友和邻居都轮流为他们家送饭，几位老师也向他伸出了援手，给他额外的帮助并耐心听他倾诉。几个月过去了，他妈妈的情况有所好转，治疗效果也挺好的。

对于那段极为灰暗的日子，马克除了能回想起他所忍受的所有困苦，还有邻居和老师们的善意。他也感慨自己居然能迸发出这么大的能量，他说："我从来没想过，我居然能在兼顾学业的同时还承担了这么多的家庭责任。"

马克能运用认知灵活性来看待生活中的那些不幸，他的格局令人佩服。他能在困境中寻找积极的因素（如他人的支持），同时也肯定了自己做得好的地方。能运用认知灵活性从困境中吸取教训，并发现其积极的一面是种极其珍贵的复原力技巧。如果马克把所有的注意力都放在"我妈妈为什么会得癌症，这真不公平"上，他将错失从磨难中成长的良机。

学会运用认知灵活性的一个简单方法就是审视每天遇到的挑战，并从中寻找：1）一些积极的东西；2）一些你学到的东西。

以不同的视角看待挑战

每天睡觉前抽出五分钟，闭上眼睛，回想一下当天所遇到的困难和挑战。从你觉得压力较小的事情（或非创伤性事件）开始着手会容易些，例如：你参加了一场很难的考试，或者在家待着很无聊，或者输掉了一场比赛等。

请详细地回想当时的情形。现场都有什么人？你当时的感受是什么？周围有什么景象和声音？这种情况是如何结束的？一边想象，一边问自己以下的几个问题：

1.通过我今天的表现，我对自己有了什么更深的了解？我有展现出什么优点吗？

2.在当时的情况下，我最感激的是什么——有什么人或什么事值得我感激吗？这件事情中有没有积极的一面呢？哪怕是很微小的。

试着连续一周每天都进行一次这样的回想练习，重点在于找出你的一个优点和其中一个积极的（或让你感激的）方面。如果你能够在压力较小的情况下轻松完成上面的练习，你就可以把这一技巧用在更具有挑战性、压力更大的事情上，如疾病、创伤等。这个技巧虽然不能抹去你的痛苦经历，但可以缓解你悲伤、失望、焦虑的情绪。

在面对更大的困难时，你也可以练习运用这个技巧。这并不是说你必须接纳创伤和疾病或者对其安之若素，只是希望你能把注意力放在寻找善待自己的方法上，并能看到生活中的积极方面。那些具有复原力的人在运用这种技巧来应对重大变故的同时，还会采取争取获得社会支持、提高情感宽容度和适度冒险等手段。想要综合运用这些技能需要大量练习，假以时日，你会找到最适合你自己的方法和技巧。

/ 现实乐观主义 /

认知灵活性可以帮你应对困难并在困境中获得成长。现实乐观主义虽与之密切相关，但其最主要的意义在于让你提前做好面对挫折的准备。现实乐观主义包括：未雨绸缪，做好抗压准备，并尝试从中寻找希望。现实乐观主义并不意味着我们要避免消极的想法和感受，也不代表着我们要无条件接纳所有的情况。现实乐观主义是指既着眼于最好的结果，又为接受最坏的结果做准备。下面的一些例子展示了如何把对未来的想法转变为现实乐观主义的想法。

最初的想法（原始想法）	现实乐观主义的想法
我会考不及格的。 （既不乐观，也没计划）	如果能每天复习三小时，我也许能考到A。哪怕考不了A，只要我努力，也一定会考得很不错的。
如果我不再担心面试合唱团的事，那么一切都会好的。 （乐观，但没有计划）	如果我在妈妈面前多练习几次，就可能不那么紧张了，这样一来我会更有可能被选为独唱。
我觉得无法从分手的打击中恢复过来。 （既不乐观，也没计划）	我要多和朋友聊聊，保持忙碌状态，这将会对我有很大的帮助。虽然我还是会难过，但总有雨过天晴的时候。

复原力强的人能把现实乐观主义的理念运用到日常生活中。当生活压力变大时，他们总是能满怀希望地追寻现实的目标，这种规划未来的方式已然成了他们的第二天性。在理

想的情况下，认知灵活性和现实乐观主义相结合，会有助于人获得成长。

- 当事情变得困难时，你可能会因为无法达到期望值而感到失望，从而影响你的身心健康，此时，仅仅保持乐观是不够的。
- 如果把认知灵活性与现实乐观主义相结合，你就能应对更大的困难，如暴力、歧视和慢性疾病等（Iacoviello，Charney，2014）。

下面让我们来看看这个故事的主人公杰森是如何运用认知灵活性和现实乐观主义的。

我想要一个家：杰森的故事

刚满14岁的杰森是家里四个孩子中的老大，也是家里唯一的男孩，再过几个月他就要上八年级了。杰森家所在的公寓楼最近发生了一场严重的火灾。他们失去了大部分的财产，也不得不搬到离他们家几个街区远的祖父母家去住。

一夜之间，杰森的生活发生了翻天覆地的变化。他想念自己的房间，也很担心未来。杰森看到全家人都在慢慢地努力地重建生活。他也注意到每个人的日子都过得喜忧参半。

　　杰森一想到即将到来的漫长夏天，就觉得特别难熬。家里人还是很难过，杰森很希望大家能想出办法苦中作乐。他很想要做点什么，让妹妹们高兴。因为全家人都喜欢游泳，他决定每周带妹妹们去附近的游泳池游几次。虽然生活依旧艰辛，但大家总算有了一些期待，找到了一些乐趣。

/ 创造乐观主义：感受日常生活中的乐趣和保持幽默的重要性 /

　　杰森的故事告诉我们，哪怕是在极为艰难的环境中我们也可以实践现实乐观主义。其中一个能让我们在困境中保持乐观的方法就是在日常生活中抓住"小确幸"。这样一来，哪怕是身处极大的困境中，你也还会有些能让你感到熟悉、舒适和愉快的东西可以依靠。下面的练习可以增添日常生活中的乐趣。

做你喜欢的事

　　想一想，有什么事情能让你感到快乐或幸福，或让你开怀一笑？前提是，这些事必须是积极正面的，并且是你能长期坚持的。这些事最好是你每天或几乎每天都能做还乐在其中的，而不仅仅是例行公事。选择你真正想做的事，而不是不得不做的事。这不是要你走出舒适区，而是让你去寻找能让自己舒服的事情。你可以得心应手地从事你喜欢的活动，并乐在其中。试试下面的活动吧，你也可以根据自己的喜好在清单中添加其他的活动：

○ 进行体育锻炼，如：骑自行车、游泳、慢跑等，或者一边听着最喜欢的音乐一边跳舞。

○ 做与创意有关的事情，如：绘画、拼贴、涂鸦、烹饪、唱歌、听音乐或表演。

○ 做有趣的事情，如：看情景喜剧、讲笑话、拍搞笑视频。

○ 做开心的事情，如：和支持、鼓励你的朋友在一起。

○ 做能让自己放松的事情，如：洗个热水澡、练习瑜伽，或者做填字游戏。

花一周的时间，观察一下哪些事情能给你带来快乐。理想状态是，你的清单上能有多个类别的事情（例如：放松的事、有趣的事等）。养成习惯，在每天睡觉前问自己："今天我为自己做了什么？"如果你每天都能有一些专属于自己的时间，能让你感到快乐、幸福、开心和乐趣就最好不过了。

我希望你不会把寻找更多取悦自己的方法当作一件苦差。秘诀是不要苛求，你只要不断尝试即可。如果你能更自如地以现实乐观主义来看待日常生活，就会感受到更多的快乐。届时，你将能好好制定计划，并把注意力放在可能得到的最好结果上。

/ 感恩的重要性 /

认知灵活性和现实乐观主义的另一个重要作用是，即使在最艰难的时刻，也会让我们有能力找到让自己感恩的事物，哪怕是很微小的幸事我们都会心怀感激。我们不仅能提升解决问题的能力，还能改善整体情绪，从而更从容地面对挫折。感恩是复原力的重要部分，只有能在日常生活中发现美好，才更有可能在身处困境时看到希望。譬如说，只有在你注意到是什么让你心怀感激之后，你才可能找到能帮自己克服困难的人或物。

感恩的能力并非与生俱来，但我们可以通过练习而慢慢地掌握它。下面的练习可以帮你找到适合自己的感恩方式。

每日感恩行动

请每天都试着做一件能让你注意到生活中具有积极意义的事，哪怕是很小的事。其实，进行此练习最有效的做法就是从发现"小确幸"做起。看看以下哪种方法最适合你：

写一张便条。如果有人帮助了你，就给他们写张便条或**发一条信息表示感谢吧，送他们一张可爱的卡片也行。**

留心观察。留心观察周围的世界——美丽的日落、茂盛的树木、长相滑稽的小狗。拍张照片，记录一下你的开心时刻吧。

做一个感恩罐。让每个家人都写下值得感激的事情，并把字条放在一个罐子里。每隔几个月，全家人一起读这些字条。

拼贴画。把所有能让你开心的事情都画出来并拼贴在一起，把这张拼贴画挂在一个显眼的位置。

对食物心怀感激。在吃饭之前，停下来感激所有为这顿饭付出努力的人们——种庄稼的农民，把蔬菜运到商店的卡车司机，在货架上摆放食材的售货员，做这顿饭的人。

给朋友发信息。告诉他们，你最欣赏他们的哪些方面。

对感恩的练习关键在于，要让它成为你日常生活的一部分。经常这样做，感恩就会融入你的思维模式。渐渐地，你的朋友和家人也会开始表达更多的感激之情，你因此而引领了一个好习惯。

/ 压力与成长 /

有时候，挫折乃至痛苦的经历可以帮助我们成长。例如：在经历过一次糟糕的分手后，你挺过来了。虽然你不想再经历一次了，但你还是会意识到，从长远来看，你是个有价值的人。也许你会因为没能入选你想要参加的社团而感到很失望，但同时你也会意识到，如果不去尝试的话，你会为错过了机会而后悔不已。

失望和挫折往往会促使个人的成长，有时候唾手可得的成功或成就反倒无法让我们成长。在应对挑战的过程中，通过运用认知灵活性，我们会更了解自己的优势和价值观。本章的最后一个练习将让你认识到，挫折也是成长的一部分。

向过去的痛苦致敬

回想一下你曾经经历过的难熬时刻。例如：好朋友搬走了、你（或你亲近的人）患上重病、你不得不搬家，或者有人伤害了你的感情或身体。想象一下你从这些痛苦经历中吸取经验并成长的画面——你也许是在别人的帮助下渡过难关的，也许是依靠自己的力量熬过来的，或者两者兼有。在想象这些画面时，你看到了什么？选择下面其中一种方式来表达自己：

画一幅画，描绘自己是如何战胜困难并获得成长的。

从积极和消极这两个方面写下痛苦的经历对你未来的影响。

和别人聊一聊这次挫折给你带来了怎样的影响。

根据当时的挑战情况做一个电子表格，并列出具体的应对方法。

写一首诗来表达当时的情况对你的影响。

你可以选择自己喜欢的表达方式，重点在于感谢这些痛苦让你获得成长。如果你对其中的某段经历仍感到痛苦也没关系。你仍然可以从成长的视角去经历悲伤、失望、焦虑、伤害或愤怒等情绪。

你必须承认，在经历过困境之后，你变了（并且会继续改变）。困难与挑战使我们成了独一无二的自己，无论前方还有多少艰难险阻，它们都会给我们上宝贵的一课。

本节回顾

如何看待困境磨难是我们人生中的重要命题。虽然我们可以选择暂时逃避，但长远来看，这无助于我们的成长。无论是在应对挑战的当下，还是在挑战过后，认知灵活性都能让我们从不同的角度看待事物。现实乐观主义是一种提前计划的能力，它让你充满希望，却又脚踏实地。

日常生活中的幽默、乐趣、快乐和感恩有助于我们保持乐观的心态。综合运用这些技巧能使你变得更愉快。哪怕生活很艰辛，哪怕是在最困难的时刻，这些方法依然能让你感受到幸福和希望。

技巧 10
寻找你人生的目的与意义

恭喜你，这是本书中你将学习的最后一项技巧了！赞许自己迄今为止的所有努力吧。花点时间回顾一下，你已经往复原力工具箱中添加了哪些技巧了？在你真正需要它们的时候，比如生活给你出了个难题的时候，你就可以用到这些技巧了。当然，你也可以把它们融入日常生活，让自己获取更大的能量，更好地集中注意力，改善人际关系。现在，你已经知道，当你感到压力巨大或焦虑、愤怒、悲伤、失望、不知所措时，你可以：

○ 养成健康的生活方式

○ 减少或戒除药物滥用（如：酒精、药品、烟草或电子烟）

○ 进行正念练习

○ 运用情绪管理技巧

○ 从过去的错误中吸取教训

○ 在感到抑郁和焦虑时寻求帮助

○ 建立可靠的人际关系

○ 抓住良机

○ 实践认知灵活性和现实乐观主义的技巧

如果你在日常生活中已经能较好地履行责任并处理好人际关系了，也许你就会考虑如何为世界做更多贡献。你不需要等到万事俱备才开始追求更深层次的意义和目标。人生永远充满挑战，每天的学习、工作、生活都可能让你倍感压力。也许，你正在为未来的不确定性而感到迷惘，或者遭受虐待、歧视或被严重的疾病折磨。在寻找人生的意义和目标时，生活中经历的挫折可能会为你提供很多视角。

意思；意义（韦氏词典，2020f）

1. 想表达的内容。

2. 某事的意义或目的；目标。

从复原力的角度看，我们常常想弄清有些事情为什么会发生在我们身上，其意义何在？在前文中，我们谈到认知灵活性可以帮助你从过去的经历中吸取经验教训。然而，在巨大的困难面前，比如受到虐待、经历自然灾害或变故，或者失去所爱的人等事情，你可能永远不会真正弄清这些不幸发生的原因。

也许你会问，为什么这种事会发生在我身上？我到底做错了什么，以至于落得如此下场？像这样的问题可能永远不会有答案。事实是，灾难和厄运的确发生在好人身上了，虽然他们本不该受此折磨。幸运的是，通过运用认知灵活性，你不仅会问自己"为什么"，你还会问下面的问题，如：经过这件事后，我有进一步了解自己吗？这件事使我发现自己有什么长处吗？

"为什么这些可怕的事会发生"之类的问题可能永远找不到答案，而"你有何改变"或"你从中学到了些什么"之类的问题就值得深思，因为，后者能让你的经历变得有意义。吃一堑，长一智。在经历过各种各样的事情后，我们受到了启发并用它指导我们日后的行动——这就是目标感。

意图；目标（牛津大学出版社，2020b）

1. 做某事或使用某物的原因；做某事的目的或意图。

2. 做某事或实现某个目标的决心。

3. 某人的目的或目标；某人想要做什么或想成为什么，等等。

目标感是指我们要通过回顾所经历的困难和挑战，把从中得到的经验教训（意义）转化为更大的使命（目的）。

复原力强的人往往能够承受挫折，并把挫折视为成长的机会。人们在经历了重大变故和创伤后，寻找更深层次意义和目的的能力也得到了发展，这一过程被称为创伤后成长。

复原力不只代表着照顾好自己。如果想真正享受生活，你需要更广泛地参与活动，与社区乃至全世界进行更深层次的互动。你的独特经历造就了与众不同的你。你是独一无二的，需要让世界听到你的声音。复原力强的人总会想办法从过往的生活经历中总结出经验教训，以挑战为契机找出自己真正在意的事情。

寻找生命的意义和目标并没有最合适的时机。但是，如果你目前的处境并不安全，则必须先关注你当下的需求和安全（请参阅参考资料部分）。如果有些症状已影响到你的日常生活了，如：焦虑、失眠、情绪低落、厌食，或者对过去喜欢的事毫无兴趣，你就应该先努力让自己回归正常的生活状态，再把注意力放在寻找更深层次的意义和目的上。只有当你在日常生活中感觉良好，你才会有时间和精力去寻找生活的意义和目的。所以，如果你觉得自己暂时还没做好准备去寻找它们，也没关系，等你准备好了，你就会自然而然地走在奔赴它们的道路上。

也许你现在正感到迷惘，不知道自己真正在意什么，也不知道自己真正想要什么。也许你还没弄清楚眼前的这些困难到底对你产生了怎样的影响。没关系，给自己一些时间吧，要对自己有耐心。有时候，只有不断反思，你才能明白自己真正在乎的是什么。让我们来看看莫妮卡的故事吧。

从失去至亲的悲痛中恢复过来：莫妮卡的故事

莫妮卡八岁时，她爸爸因心脏病去世了。在那以后，她的妈妈仍积极参与社区活动，他们家从亲戚朋友和教会那里得到了很多情感上的支持。

莫妮卡最近刚上高二，辅导员建议她要多参加课外活动，这让她倍感压力。她很困惑，也不确定要不要听从辅导员的建议；自从爸爸去世后，她只喜欢和妈妈、姐妹们一起待在家里。辅导员建议莫妮卡结合自己的生活经历看看学校的社团名单，她想参加哪些社团。

在这个过程中，莫妮卡发现其中一个社团会定期提供社区服务：帮助寄养儿童和有特殊需要的儿童。莫妮卡知道，父亲的去世是她迄今为止面临的最大挑战，是社区成员的支持帮助她们一家度过了那些艰难的岁月。莫妮卡决定要加入这个社团，希望能以亲身经历鼓励那些正在痛苦中挣扎的孩子们。

回顾过往的经历能使你确定什么对你来说是重要的。请记住，我们的价值观、爱好和兴趣总是在不断变化，这很正常。正因如此，才会对生活充满激情。建议你每隔几个月，回顾一下在这段时间发生的事情，思考一下自己能从中吸取什么经验教训。下面的练习可能会对你有所帮助。

把意义转化为目的

回想一下你过去经历过的重大压力，把它们写下来。

例如：祖母去世，父母离婚，受到霸凌，我爸爸要去戒毒/戒酒（这是我曾经遇到过的最大挑战）。

接下来，再回想一下过去六个月里你在日常生活中感受到的压力。

例如：我的朋友总是打群架，辩论队落选，数学课太难了（我每天最大的压力）。

想一想这些事为你带来了哪些启发。注意，不要把关注点放在为什么会发生这些事上，而把关注点放在"我从中学到了什么"，"我的长处"，以及"我对周围的世界有了哪些新的认知"上。

例如：从我爸爸去戒毒/戒酒的经历中，我看到爸爸有勇气面对他的毒瘾/酒瘾。

例如：数学课对我来说太难了，我必须每天晚上都要认真做作业才能跟上进度。

接下来，想一想这些经验教训有没有影响你当前的目标或你在意的事情。你会发现，不仅重大事件会对你产生深远的影响，而且较小的挫折也会为你带来宝贵的经验。

如果你无法判断哪段经历对你的影响最深，就花一分钟的时间想象一下，你正拿着麦克风向大家讲述你的经历和你从中学到的道理，你会讲些什么？哪些信息对你来说最重要？这可以帮助你寻找当前的志趣所在或目标。

例如：我觉得辅导小孩子学数学很有趣，我想告诉他们不要轻易放弃。

你已经充分思考了自己的兴趣所在，现在你可以去探索如何更广泛地与社区和世界互动了。下面，我们将讨论一些具体的方法，让你能更好地利用亲身经历让世界听到你的声音。

/ 筹款、教育、社区服务和行动主义 /

在你找到了自己真正在意的事情以后，你有很多种能改变世界的方法，这些方法没有对错之分。哪怕你想要做出很大的改变也不要有压力。从小事做起，看看哪种方法最适合你。你最关心的事情会随着时间的推移而改变，你的参与度也会随之改变。

此外，你还需要想办法回馈社会。许多证据表明，帮助别人也是在帮助自己。帮助别人可以降低你抑郁和焦虑的程度，让你不再感到如此生气或沮丧，使你更自尊自信（Memmott-Elison et al.，2020）。因此，在你为他人伸出援手的同时，你也会从中获益良多。以下是关于积极参与社区活动的一些关键事实：

○ 多参加社区活动能帮助你掌握特定的技能，从而建立
　效能感。

○ 在生活的其他方面你也会感到更自信，如：在学业、
　工作方面或与朋友和家人的关系方面。

○ 与你帮助的对象之间的关系也会变得更亲密。

○ 你会慢慢了解自己真正在乎的是什么。

○ 通过参与更多的社会活动，你会与世界更紧密相连，
　并产生更深的同理心（Hernantes et al., 2019）。

在找出了哪些事情能赋予你使命感之后，你需要思考一下，你想要对其产生何种影响。或许，你想要为这项事业筹集资金。又或许，你想向朋友、家人、学校或社区的其他居民宣传它。又或许，你觉得参与志愿服务是个好办法，这能让你直接参与其中。甚至你会觉得社会规范、法律规定乃至文化潮流都需要改变，那么你可能会成为一名激进分子。下面让我们逐一看看这些策略吧。

筹款：艾米的图书馆

15岁的艾米刚刚读高一。她生于中国，在她很小的时候就被领养到了美国。艾米很爱她的家人，但也很希望能感

受一下中国文化。于是，艾米和养父母决定去走访当年她被领养之前住的孤儿院。在这次旅程中，她还参观了几所乡村小学校。

　　艾米回到美国以后开始与亚洲学生俱乐部合作，为其中一所乡村小学的图书馆筹集资金。该俱乐部赞助了各种活动，并号召当地美籍华人捐款。在宣讲过程中，艾米展示了她在中国所遇到的两个小女孩的照片，还特别谈到本次活动筹集到的资金将会用于购买图书，这将对那两个小女孩的教育产生积极而深远的影响。最终，艾米筹集了数百美元用于购买图书。通过这次筹款，她与中国产生了联结，也和她遇到的乡村小学的女孩们产生了联结。

　　从上面的故事我们可以看出，捐款是件很简单的事，我们只要出钱就行了。但如果你要筹款，你的付出和收获就会多得多。把筹款作为契机，你可以与他人建立联结并达成一定的目标。艾米很聪明，因为她并不仅仅指出筹钱是为了建图书馆。她还提出了一个诉求——要用这笔钱给别人带来积极的影响，她举的具体例子就是这笔钱将如何改变那两个女孩的生活（Small，Loewenstein，Slovic，2007）。如果你正在考虑为某项事业筹集资金，下面的练习将对你有所帮助。

一起筹款吧

找一个你感兴趣的话题。你想为某个组织或为某项事业筹集资金吗？现在，请思考以下的问题：

还有哪些同龄人有兴趣帮你筹款吗？

还有没有哪些成年人愿意帮你的忙？

你将如何宣传这项筹款工作？你想在网上宣传、发传单，还是举办宣传活动？

在确定好这些细节后，想想你将如何号召大家捐款。别忘了用具体的例子说明你所筹得的善款能给他人带来何种帮助，这可能会起到最好的号召效果。

筹款是一种能让你参与社区事务的好办法。同样，你也许觉得需要在社区宣传自己所关心的事业。让我们看看卢克（Luke）的例子。

建立同性恋 - 异性恋联盟：卢克的故事

十四岁的卢克正在上高一，从五年级开始，他就发现自己是同性恋。卢克上初中的时候向父母出柜了（坦白自己是同性恋），虽然他的母亲很支持他，但他的父亲难以接受这个事实。上初中时，卢克试图隐藏自己的性取向，这导致了他几次非常严重的抑郁症发作。现在卢克上高中了，他遇到了更多同为"彩虹族（LGBTQ）"[①]的同学。

卢克和同伴们决定成立一个同性恋－异性恋联盟，他们很快找到了愿意赞助他们的老师。他们确定这个联盟的首要任务是写一些鼓励性质的科普文章，并发表在学校的校报上。他们希望让学校里的"彩虹族"知道，他们并不孤单，也希望所有异性恋者都意识到对"彩虹族"的偏见和歧视会伤害他们的感情。

卢克的故事告诉我们，有时候我们可以从最困难的局面中吸取宝贵经验，从而帮助和教育更多的人。下面的练习有助于你思考该如何教育他人。

你想要通过电梯演讲讲些什么？

找一个你真正关心的话题。也许你想唤醒大家去思考要如何对待他人的问题，也许你想告诉大家为什么某个话题很重要。其中一个方法就是做一场"电梯演讲（elevator speech）"。电梯演讲是指在乘坐一趟电梯的时间内（通常是二三十秒的时间）做一场有说服力的实效演讲，迅速表达自己的观点。你的论点可能包括：

---

① LGBTQ：网络流行语，又名"彩虹族""彩虹族群""性少数者"等，一般指女同性恋者（lesbian）、男同性恋者（gay）、双性向者（bisexual）、跨性别者（transgender）与酷儿（queer）。

○ 人们为什么要关心这个话题。

○ 它对当下有什么影响。

○ 关于这个话题，你想让人们知道些什么。

○ 你为什么在这个话题上具有权威性，或有什么亲身经历增加了你演讲内容的可信度。

"电梯演讲"内容举例：最近，我们听到了很多关于移民问题的讨论。我认为有必要让大家了解一下移民们的工作和生活有多艰辛。对我来说这是个很重要的话题，因为我就是一个第二代移民，为了抚养我和我的兄弟们，我妈妈不得不打两份工。

在准备好以上这份简短的"电梯演讲"之后，你就可以根据听众的不同，把演讲拉长。

下一步就是把信息传播出去。试试以下的途径吧：

○ 学校的校报或当地的报纸

○ 在网上发布帖子

○ 学校的大会

○ 社区论坛

○ 教堂的活动

○ 朋友之间非正式的聚会

教育他人的方法是多种多样的。人们一旦知道了你对某项事业感兴趣，他们碰到相关的事情时就会找你，同时也会帮你。这样一来，你就能更好地宣传推广你所关心的事业了。

下面我们会讲到社区服务，这同样是一个能让你深度投入到你感兴趣的事业中的好办法。

关爱老人：塔拉的故事

塔拉是一名高三学生，她和妈妈的关系一直不太好。她很努力地想要和妈妈沟通，但总觉得妈妈太过在意她的成绩了。塔拉很喜欢和她的祖父母在一起，然而他们住得太远了，她去探望他们得穿过整个国家。塔拉小的时候经常跟祖父母住在一起，但是现在她太忙了，每次去他们家也只能待几天。

塔拉在当地的老年中心做志愿者，她负责准备咖啡和下午茶点心，并帮忙整理康体室。在做了几个月的志愿者之后，塔拉与许多老人都熟络了起来，这也加深了她对自己祖父母的感情。她更能理解老人们的难处。她很自豪地和妈妈谈论她在老年中心做志愿者的事情，也得到了妈妈的肯定和鼓励。

塔拉从事志愿活动的例子很好地证明了，参与社区活动不仅能让受助者获益，也能为志愿者带来成就感。如果你正打算去做志愿者，下面的练习就很适合你。

表达你的关心

你也许不知道自己适不适合做志愿者。走进一个陌生的场所有时也会让人感到不安，你也可能不知道自己还能为别人做些什么。如果你想试试做志愿者，就从一些你真正关心的事情开始着手。可以是你真正感兴趣的话题，也可以是一个你想要更深入了解的群体，以下是一些建议：

○ 别忘了，每个人在第一次做志愿者的时候都会感到很紧张。

○ 阅读你想要参加的组织机构章程中的"使命与任务"这一部分，思考一下如果你有机会可以向该组织的负责人提问，你会问他哪两个问题，这会让你做好充分准备。

○ 注意肢体语言。做几个深呼吸，然后微笑。不要交叉双臂，一定要把手机收起来。好的肢体语言会让你感到放松，也会让别人感到放松。

○ 如果你不知道要说些什么，就认真聆听。在你帮助

别人做事的时候（比如：上菜，打扫卫生），多询问
别人的感受，并认真倾听他们的回答。你听得越多，
收获也就越多。此外，人们都喜欢善于倾听的人！

和自己约定好，在你确定自己是否适合在某个地方做志
愿者之前，你至少要先尝试三次。只有多体验几次，你才能
确定是否适合，以及你能做出什么贡献，能从中学到什么。

在社区做志愿者既能够了解别人，也能让自己对他人
的生活产生积极的影响。行动主义（也称激进主义）的方
法是参与社会活动的另一种强有力的方式。有时候，你不
仅想改变某些人，你还想改变社会。让我们来看看莫娜的
故事。

校园枪击事件后的生活：莫娜的故事

莫娜是一名高二的学生。就在四个月前，她的三个同学
在校园枪击案中丧生了。莫娜仍会做噩梦，梦到他们遇难时
候的场景。有时候，她会心存内疚——因为自己活了下来，
而他们却死了。莫娜正在接受抑郁症和创伤后应激障碍的治
疗。她的治疗师告诉她，由于她受到了可怕的创伤，她的这
些反应都是正常的。

尽管承受着巨大的心理负担，莫娜和朋友们还是决定，必须得做点什么来阻止枪支暴力的蔓延。他们希望国会能改变与枪支相关的法律规定。在与治疗师制定了一个能密切监测她抑郁和焦虑状态的方案后，莫娜加入了几个行动主义组织，并在全国范围内就枪支暴力是如何影响年轻人的主题发表了演讲。莫娜为我们树立了一个榜样，向我们展示了如何在处理重大创伤后遗症的同时为她所关心的事情发声。事实上，行动主义的方法已经成为治愈她的一个重要手段。

行动主义的方法有利于保护我们的自尊和心理健康（Gilster，2012）。当你想要改变某些法律规定、政治主张，乃至更广泛的文化潮流时，行动主义的方法尤为有效。如果你正在考虑采取行动主义的方法，就看看下面的练习吧。

如果你不喜欢它，就去改变它吧

如果你对某个话题很感兴趣，但却不能通过筹款、宣传或社区服务来完成你想要的改变，这时候，行动主义是个好办法。换言之，为了更好地传达信息，你需要改变策略。以下的方法，能帮你成为一名行动主义者：

　　○ 就你所关心的话题给领导人写一封信。

○ 联系当地媒体如电视台等，让他们报道你所关心的话题。

○ 报名参加当地的公众意见咨询会议，并公开发表意见。

○ 与当地的国会议员见面，并和他们谈谈你为什么如此关心这些话题。

○ 参加或组织集会、游行，并通过社交媒体发布相关信息以扩大其影响力。

在做上述事情的同时，一定要好好照顾自己：

○ 每天做一些有趣的或能让自己乐在其中的事情。

○ 如果感到焦虑、抑郁或压力积聚，一定要找信任的朋友或成年人谈谈，也可以寻求专业帮助。

○ 在此过程中，如果你感到气馁或失望，就为自己写一些鼓励的话。例如：我知道在短时间内难以看出效果，我们要以月和年为单位来衡量进展。

○ 确保你吃得足够营养，并且进行体育锻炼，尤其是在积极开展行动主义运动期间。

○ 每周和朋友见一次面，以确保你有好好照顾自己。

行动主义是许多青少年都喜欢的方法。Z 世代是最活跃、最博学的一代。这一代人也面临着很多压力，如：校园枪击事件、经济和社会不稳定、警察暴行、环境破坏和流行病等。令人惊喜的是，许多青少年从困苦的经历中寻找到了意义，并找到了人生目标。然而，作为行动主义者（激进分子），你不要感到有压力。想要改变法律规定、社会规范和文化潮流，你的方法有很多。随着时间的推移，你终究会找到合适的方式来实现自己的目标。

本节回顾

每个人在生活中或多或少都经历过磨难。你也许永远无法理解，为什么有些伤害或不幸会发生在自己身上。幸运的是，你可以从这些经历中反思并吸取教训，进而发现你人生的意义、你的长处，以及你周围美好的事物。明晓人生的意义可以帮你确定自己的人生目标，即你最关心的事情。

你可以运用很多种方法来让改变发生，包括筹款、唤醒人们对某个问题的关注、参与志愿服务，或成为一名推动变革的行动主义者。这些活动会促使你成长，会让你深刻地认识到，你的那些经历都很重要，你也可以为世界做贡献——因为你确实这么做了！

结语

　　复原力的一个重要之处，就在于帮你找到有意义的方法解决生活中的难题，不会被挫折打败。至此，你已经学到了如下所示的四个主要领域的技能。

　　现在，祝贺你读完了这本书！你不仅拓展了思维方式，尝试了新事物，还与他人建立了更牢固的关系，这可不是件

容易的事！在你的复原力之旅中，你表现得很好。

生活总是充满大大小小的挑战。也许你正在为难懂的数学课发愁，也许你刚刚搬到了陌生的城市，或者刚结束了一段恋情。你也可能遭受过疾病、虐待、歧视或霸凌的痛苦。你在本书中所学到的复原力技巧能帮助你度过大多数的艰难时刻。如果你能把这些技巧融入日常生活，你将会更健康、更快乐、更有活力，与周围的世界联系得更紧密！现在你有很多种技巧可以选择：

○ 关注你的身体。养成健康的日常生活习惯，即使在压力很大的时候也要限制自己的药物使用。

○ 关注你的思想。多进行正念练习，提高情绪容忍力，从错误中学习，正确地对待抑郁和焦虑的情绪。

○ 关注你的人际关系。建立一个强大的支持系统，学会抓住良机。

○ 关注你人生的目的和意义。运用认知的灵活性、现实乐观主义，更广泛地参与到社区活动中去。

每一天，你都可以综合运用上面图中各个模块里的技巧，组合成你的专属复原力配方。每个人的组合可能都不一样。你可以每天早上先跑个三公里，冥想，和最好的朋友聊天，然后再到当地的图书馆做志愿者。也许你想戒烟，每周与治疗师交谈，克服对公共演讲的恐惧，并在学校成立一个诗歌社团。也许你想去打篮球，每周末去教堂做礼拜，和表兄弟姐妹一起玩，然后去社区中心的学前运动训练营做教练。

重要的是，你的人生之旅是独一无二且弥足珍贵的。你值得被善待，也值得被倾听。你现在已经有能力去处理意想不到的挫折，去开创你真正热爱的生活。生活中所有的挑战也终将成为你人生故事的一部分——这是一个充满复原力的故事。

致谢

我衷心感谢每一位与我分享亲身经历的创伤幸存者／受害者。你们能在经历巨大创伤后，仍敢于去相信，去建立关系，去寻找人生的意义和目标，你们的这份勇气让我深受鼓舞。

感谢我所有的老师和导师，包括丽贝卡·坎贝尔（Rebecca Campbell）、谢丽尔·卡敏（Cheryl Carmin）、米歇尔·霍尔希（Michelle Hoersch）、罗宾·默梅尔斯坦（Robin Mermelstein）、大卫·麦基尔南（David McKirnan）、乔·斯托克斯（Joe Stokes）和艾丽卡·沙坎斯基（Erica Sharkansky）。你们是我智慧和勇气的无尽源泉。

我还要感谢 New Harbinger 出版集团的泰西利亚·汉诺尔（Tesilya Hanauer）。多年来，她不仅给了我莫大的鼓励，而且为我的每一本书都提供了很重要的见解，包括本书在内。

还有我二年级时的老师辛西娅·米勒（Cynthia Miller），

对您的感激之情，我无以言表。谢谢您相信班里每一个小朋友的潜力。如果没有您，我可能永远也无法像现在这样找到人生目标并为自己发声。

感谢我的父母，你们的言传身教为我树立了很好的榜样，赋予我同理心和坚韧不拔的精神。我会努力像你们一样去爱别人。

最后，我要感谢我的丈夫和女儿。你们一直以来给予我无条件地支持，不仅给我的草稿反馈，还给了我很多情感支持，为我做晚餐，想办法让我开心。尽管人生有起有落，但我会永远为能拥有这么棒的家庭而心存感激。

人生很艰难，快来学习如何触底反弹

如今的青少年太难了！因此你更要掌握一些实在的工具来应对生活中的种种挑战——小到学业压力、社会戏剧性事件（social drama）、恋爱问题，大到受到霸凌、社会隔离、暴力、身患疾病。解决这些问题的关键是什么呢？答案就是复原力——一种能让你从挫折中恢复过来，继续振奋精神向前迈进的能力。复原力最大的优点是什么？那就是它是可以习得的！本书将帮助你迈出复原力之旅的第一步。

在《青少年的复原力》一书中，你会学到10种有效的技巧，有了这些技巧，你就能管理好情绪，从困境中复原，乃至在逆境中创造属于自己的快乐。你还会学到用以照顾自己的简单方法，以及学会养成健康的生活方式，如减少电子产品的使用时间等。你还会学到如何通过正念练习来应对当下的压力，建立更好的人际关系，以及在失望或失败后重新找回自信。最重要的是，这本书将告诉你如何拥有积极的态度——哪怕事情看起来并不那么美好。

"这是一份送给在风雨飘摇的年代中年轻人的礼物……是一本既实用又有见地的书！"

——罗克珊娜·克鲁兹（Roxana Cruz）

医学博士，FACP

德州社区健康中心协会医学和临床事务主任